■ 高照全 等 编著

开心形苹果树
栽培管理技术

第二版

KAIXINXING PINGGUOSHU
ZAIPEI GUANLI JISHU

U0381696

化学工业出版社

·北京·

内容提要

随着我国苹果生产从追求面积产量向追求质量效益的转变，传统乔化密植的生产方式已不适合苹果产业升级要求，迫切需要新的栽培模式。通过在全国各地的示范推广发现，日本的苹果开心树形栽培管理技术可以彻底解决我国苹果生产中存在的光照郁闭、产量低、品质差、效益低和大小年严重等问题，为我国苹果生产提供了新的技术支撑。本书以富士苹果为试材，重点介绍了开心树形的特点、培养过程和结果枝组培养等整形修剪技术，并根据在全国各地推广开心形苹果树的经验，详细介绍了乔化密植苹果园开心树形改造的技术步骤，以及苹果优质生产中的土肥水管理、病虫害防治和花果管理等综合配套技术。本书是实践经验的总结，技术实用性强，内容图文并茂、通俗易懂，希望广大果农能从中获益。本书适合作为农民培训用书和果农的技术参考用书。

图书在版编目(CIP)数据

开心形苹果树栽培管理技术 / 高照全等编著. —2版. —北京：化学工业出版社，2020.8
ISBN 978-7-122-36916-1

Ⅰ．①开…　Ⅱ．①高…　Ⅲ．①苹果-果树园艺
Ⅳ．①S661.1

中国版本图书馆CIP数据核字（2020）第081549号

责任编辑：迟　蕾　李植峰　　　　　装帧设计：史利平
责任校对：边　涛

出版发行：化学工业出版社(北京市东城区青年湖南街13号　邮政编码100011)
印　　装：北京缤索印刷有限公司
850mm×1168mm　1/32　印张4¾　字数122千字　2020年8月北京第2版第1次印刷

购书咨询：010-64518888　　　　　售后服务：010-64518899
网　　址：http://www.cip.com.cn
凡购买本书，如有缺损质量问题，本社销售中心负责调换。

定　　价：29.80元

我国是世界苹果第一生产大国，截止到2018年全国苹果面积达193.9万公顷，产量3923万吨，面积和产量均占全世界的45%以上。合理的树形结构和整形修剪技术是苹果生产的关键，历来都受到专家和果农的关注。我国传统苹果生产基本都以乔化密植为主，采用纺锤形、疏散分层形、小冠疏层形等树形，这些树形进入盛果期后普遍会产生光照郁闭现象，进而造成产品品质下降，果园效益减少。从2002年起，笔者追随张显川老师在全国开展了开心树形改造技术的引进、示范和推广工作，通过开心树形改造彻底解决了我国传统苹果园光照郁闭问题，显著提升了果实品质和生产效益。仅我们在陕西、甘肃两省的改造项目就完成了示范应用120万亩，在全国已辐射推广1000余万亩。目前开心树形已成为我国苹果生产中应用最多的树形，带动了全国苹果产业的技术升级。

苹果开心树形改造技术虽已为广大果农接受，但改成开心树形后苹果树如何整形修剪，果农还没有掌握。特别是改形后应该选留几个主枝、如何培养大型结果枝组、大型枝组如何更新等问题成为困扰果农的新难题。张显川老师和末永武雄先生生前一直对此念念不忘，并嘱托我一定要把这项技术继续下去。近年来，我们在北京、山西运城等地广泛开展了改造后开心树形整形修剪技术的理论研究和示范推广工作，取得了显著效果。为更好地指导开心树形苹果园的管理，我们对本书第一版进行了全面修订，完善了相关内容，特别是增加了"第六章 开心树形改造后的整形修剪技术"，希望能为我国苹果开心树形技术的推广应用和果农生产提供更好的指导。

　　本书由北京农业职业学院高照全执笔修订；北京市顺义区园林绿化局赵善陶，中国农业科学院吴毅明，北京农业职业学院程建军、吴晓云、王辉和雷恒久等也参加了修订工作。本书第一版深受广大果农欢迎，多地书店都已售罄，很多果农来电求书，并提出大量宝贵意见。在修订过程中得到了化学工业出版社的大力支持，在此一并致以真诚的感谢！

高照全
2020年1月

第一版前言

改革开放后，我国苹果生产得到了飞速发展，1996年种植面积一度达到4481万亩，占到全世界苹果种植面积的47.8%。但当时苹果价格却一路下滑，最低时每斤只有几分钱，大量刚刚进入盛果期的果园陷入了入不敷出的困境，许多果农纷纷挥泪砍树。到2004年我国苹果的种植面积一度减少了1666万亩，相当于日本全国苹果种植面积的20倍，给果农和社会造成了极大的损失。当时苹果生产滑坡的直接原因在于果实品质差，而品质差又与我们长期应用的乔化密植生产方式有关。过去我国苹果生产一直主张应用三主枝疏散分层形、纺锤形、小冠疏层形等树形，按照2米×3米、3米×4米或3米×5米的密度种植，每亩留枝量12万～15万。虽然带来了早期收益，但苹果刚进入盛果期就开始郁闭，造成成花难、产量低、品质差、价格低等问题，各地的果农和专家都束手无策。

在国家外国专家局、科技部和北京市科委等单位的支持下，北京市昌平区科委张显川主任于1992年在昌平建立了中日友好观光果园，引进日本苹果的开心树形生产技术，作为专门的引智示范点，经过近十年的努力终于获得成功。但是中日果园树形是从小苗开始培养的，而我国苹果种植面积已经过剩，多数都已进入盛果期，对于这些乔化密植果园能不能用开心树形技术改造呢？

高照全博士于2002年开始追随张显川主任进行苹果乔化大树开心树形改造的试验、示范和推广工作，通过改造取得了当年改形当年见效的良好效果，不少果农每亩纯收入增加1万元以上。2004年日中农林水产交流协会副会长末永武雄先生和中国农科院吴毅明研究员也加入进来，四人组成了一个专家组，全力以赴推广这项技术。末永武雄先生从事苹果种植60余年，他毫无保留地把自己的技术和经验传授给我们，帮助中国农民提高生产技术水平。

由于开心树形管理模式与我国传统苹果管理有很大区别，特别是在整形修剪上几乎完全不同，开心树形要求去掉下层主枝，利用中上层2～4个主枝培养结果枝组结果，各地果农开始时都难以接受。但是这项技术当年改造，当年受益，当大家在秋天看到改造后的苹果园结满了又大又红的苹果时，就开始纷纷仿效了。对这项技术责难最多的却是一些果树专家，一直到今天仍然非议不断。

开心树形栽培管理技术简单易学，见效快、效果好，日益受到了领导重视和广大果农欢迎，国家外国专家局、国家科技部、国家发改委、山东省科技厅等部门不断立项予以支持。我们先后在北京、陕西、山西、河北、甘肃、山东、新疆生产建设兵团等地建立示范推广基地80多个，在全国推广数百万亩，辐射推广到了全国所有苹果主产区，取得了显著的经济效益和社会效益。十年后再回头想想，是开心树形挽救了中国苹果产业！十年后再放眼看看，哪里开心树形改造得彻底，那里苹果的效益就高！十年后再用心听听，种苹果的老百姓都说开心树形好！

虽然如此，由于不少果农对这项技术掌握不全面，理解不深刻，在应用当中出现了一些偏差。比如有的地方对伤口保护不够重视，造成腐烂病大发生；有的地方只改树形不改密度，按照小冠树形培养，当上层主枝长大后树冠又开始郁闭；有的地方对幼树也采取提干措施，严重削弱了树势；有的地方把下层三大主枝一年全部去掉，也造成了树势和产量下降等。为此，广大农户和技术人员迫切需要一本开心树形培养和改造方面的技术指导书。笔者在学习日本苹果开心树形栽培管理技术的基础上，结合个人在全国各地进行开心树形改造经验编写了此书。在出版过程中化学工业出版社给予了大力帮助，在此表示深深的感谢！

　　本书首先介绍了苹果开心树形的特点、培养过程和枝组修剪方法，以期读者对开心树形有一个全面了解；然后以纺锤形富士苹果为例，系统介绍了乔化密植果园开心树形改造步骤；最后根据我国苹果生产实际，介绍了苹果园土肥水管理、花果管理和病虫害综合防治等技术。本书主要由高照全博士执笔，赵善陶、吴毅明和王辉参加了部分编写，相关内容得到了张显川主任和末永武雄先生的悉心指导，并参考了日本部分书籍资料，在此表示真诚的谢意！希望本书能为开心形苹果树在我国的推广应用做一份贡献，更期待能解决广大果农在生产中存在的问题，增加果农收益。

编者

2012 年 5 月

目录

第一章　我国的苹果生产现状和存在问题

　　中国种植绵苹果、沙果和海棠果的历史已有2000多年，而种植大苹果，也就是西洋苹果只有100多年的历史。1871年美国长老会成员约翰·倪维思来到烟台，带来了西洋苹果、西洋梨、甜樱桃等众多果树，开创了我国大苹果的引种栽培先河。随后，苹果逐步在山东半岛、辽东半岛和华北等地分布开，并逐渐扩展至全国。目前，苹果已成为我国种植面积和产量最大的果树树种，为农业结构调整和农民增收提供了有效途径。

1. 世界苹果生产格局

　　在1948～1972年，欧洲各国的苹果产量曾占全世界的60%左右。后来由于亚洲各国、苏联和美国的较快发展，欧洲所占的比例不断降低。第二次世界大战后世界苹果的产量和种植面积迅速增加，特别是1985～1995年，由于中国苹果种植面积的增加引起了世界苹果产量和面积的飞速发展，而20世纪90年代后期苹果种植面积的萎缩也主要是由于中国苹果发展过猛、产量过剩引起的（图1-1～图1-3）。整体而言，世界苹果产量已供过于求，苹果产业的发展将由追求数量增长向追求品质提高转变。

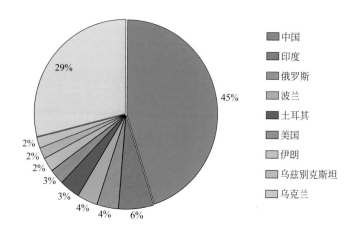

图1-1　2017年苹果主产国栽培面积比例示意图

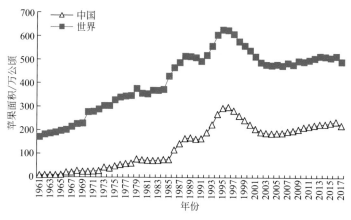

图1-2　1961～2017年中国和世界苹果栽培面积变化

在欧美等国，元帅系和金冠是世界两大主栽品种，再加上澳洲青苹、旭和瑞光，这5个老品种占世界产量的一半左右；与元帅系和金冠相比，乔纳金和艾尔斯塔（主要在欧洲种植）、嘎拉和富士（世界各地均有种植）栽培相对较少。若包括中国在内，富士则成为世界第一大苹果品种，目前中国富士栽培面积占全国苹果总面积的70%。

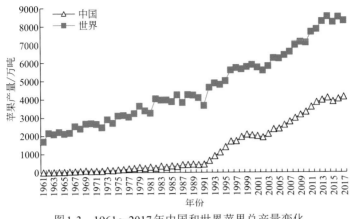

图1-3 1961～2017年中国和世界苹果总产量变化

区域化布局和规模化生产是当今世界苹果生产的重要特点。世界苹果主产国都很重视苹果生产区域的选择,栽培区域不断向优生区集中。如美国,华盛顿州苹果产量占全国总产量的50%;日本青森县苹果面积和产量占全国的1/2;意大利80%以上的苹果产于特里提诺、埃米尼拉和威尼托地区。通过规模化生产可降低生产成本,提高苹果商品的一致性。国外发达国家苹果园逐渐向大农场发展,经营规模不断扩大。如美国平均每户经营200公顷,欧盟平均每户20公顷以上,而我国平均每户不足0.5公顷。这种规模化经营使劳动生产率大大提高,生产技术能够达到标准化。另外,欧美等发达国家一般都采用矮化密植的方式进行苹果集约化生产。

有机苹果生产是世界苹果生产的发展趋势。有机果品是指来自有机果树生产体系,根据有机农业生产要求和相应的标准生产、加工,并通过合法的独立的有机食品认证机构认证的果品。有机果品生产完全禁止使用任何化学合成物质(化肥、化学农药、生长调节剂、饲料添加剂)和基因工程生物及其产物。有机农业生产通过保持养分、能量、水分和废弃物等物质在系统内的封闭循环来改良提高土壤肥力,利用抗病虫品种、天然植物性农药和生物杀虫剂以及栽培措施、物理方法和生物方法等作为病虫害防治的手段。由于有机果品在安全性和果实品质上具有其它果品无法比拟的优势，已成为未来果品生产的发展潮流。

2. 我国苹果生产现状

（1）生产规模和特点

1949年以后，我国的苹果种植面积和产量得到较快的发展，特别是20世纪80年代后期发展迅速，20世纪90年代初我国就成为苹果生产第一大国。1996年苹果面积曾一度达到298.7万公顷。21世纪以后，随着幼龄果园逐步进入盛果期和老劣果园淘汰，苹果的单产也达到世界平均水平（图1-4）。现在我国苹果的生产布局已开始向优势产区集中，苹果生产模式从早丰产向优质高效转变。现在苹果生产的核心是品质，如何生产出高品质的果品，获取最大的经济效益是当前苹果生产的最大课题。

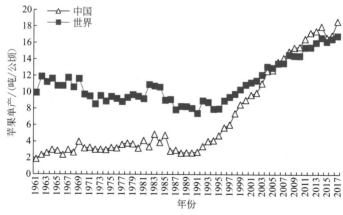

图1-4　1961～2017年中国和世界苹果单位面积产量变化

2017年我国苹果栽培面积和产量分别为222.04万公顷（图1-2）和4139.15万吨（图1-3），占全国水果总面积和总产量的19.93%和16.00%，产量居水果生产的首位，面积居第二位。我国苹果产量已占全世界的50%以上，处于绝对领先地位。预计今后数年内年我国的苹果种植面积将稳定在220万公顷，产量达到4000万吨以上。

2017年1～12月份中国累计出口浓缩苹果汁65.4万吨；出口金额5.9亿美元；出口单价平均为909.2美元/吨。2017年中国鲜苹果出口总量为133万吨，出口额为14.6亿美元。我国鲜食苹果和浓缩苹果汁的出口量都居世界首位。

经过20多年的区域化布局调整，苹果面积占全国果园总面积的比重由1996年的34.9％下降到2017年的19.93％。富士是我国目前栽植面积最大的优势品种，产量占全国总量的70%；新红星、首红等元帅系品种比重为9.2%，居第二位；自育品种秦冠和华冠产量分别占6.8％和2.1％。苹果贮藏保鲜能力由20世纪70年代全国不足10万吨发展到目前超过1000万吨，占苹果总产量的25%左右，鲜食苹果产后商品化加工水平逐渐提高，一批苹果生产、销售、加工龙头企业已形成。我国已成为世界最大的苹果浓缩汁生产国。目前全国加工能力10吨/小时以上的浓缩苹果汁生产型公司超过35家；鲜苹果加工量由1996年苹果产量的5％增加到20％以上；生产能力由20世纪80年代中期不足千吨猛增至现在的近100万吨。

（2）我国苹果的主要产区及栽培

我国烟台于1871年首先引进西洋苹果进行栽培，并逐渐扩展至整个渤海湾地区。100多年来栽培品种新旧更替，生产区域不断扩大，到20世纪90年代，苹果栽培已扩展到国内27个省(直辖市、自治区)。进入21世纪后，苹果的产区开始向优势产区集中，目前我国的苹果栽培主要分布在渤海湾地区、西北黄土高原、太行山两侧、黄河故道、西南冷凉山区等产区，其中黄土高原和渤海湾地区是我国苹果的优生区，优势区域所在的山东、陕西、辽宁、河北、河南、山西及甘肃7省的苹果面积和产量分别占全国的86％和90％，尤其以陕西和山东的苹果面积和产量最大（图1-5）。

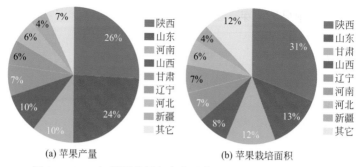

(a) 苹果产量 (b) 苹果栽培面积

图1-5　2018年我国苹果主产省份产量和栽培面积分布比例

🍎 3. 我国苹果栽培存在的问题

虽然我国苹果的生产取得了很大的成绩，但目前存在的问题也很突出。主要问题有单产低、品质差、效益低、大小年严重、商品率低、服务体系不够健全、品种搭配不尽合理等。2017年我国苹果单位面积产量为18.64吨/公顷，超过了世界平均水平（16.85吨/公顷），但与美国等发达国家超过30吨/公顷的水平还有较大差距，单产低及品质差影响了果农收益，也造成了极大的资源浪费。近年来，我国大力推广了辅助授粉、疏花疏果、果实套袋以及摘叶转果、铺反光膜等技术，并普及了无公害果品生产，有效提高了果品品质和安全质量水平。但与先进国家相比，苹果质量水平仍有较大差距，如美国、日本、新西兰等国的优质果率高达70%～80%，高档果率也在35%～50%左右。近年来，因价格低、劳动力投入成本上升等造成苹果生产效益低，已成为制约当前苹果生产的难题。

果园的光照郁闭是造成目前我国苹果品质差、效益低的主要原因，这种现象主要是由树形、砧木、密度三者不配套造成的。我国的苹果生产以乔化密植为主，采用纺锤形、小冠疏层形、三主枝疏散分层形、主干形等树形，这些树形虽然可以实现早期丰产，但7年以后随着果树进入盛果期，树冠光照开始逐渐恶化，成花困难，果实产量降低，品质变差，大小年严重，结果寿命缩短。产生这种现象的根本原因在于果树碳水化合物的分配存在由源到库和就近供应的特性，苹果的花芽分化和生长，以及果实的生长所需养分绝大部分都是来自附近的叶片，因此树冠光照郁闭以后造成了功能叶片光合能力降低，果树的产量和品质也就下来了。要想提高品质和效益就需要对现有的树形进行彻底改造。

土壤有机质含量低、理化性状恶化也是我国苹果生产普遍存在的问题。我国苹果多数果园土壤较瘠薄、有机质含量低于1%；绝大部分果园土壤管理制度以清耕为主，生草和覆草的果园所占比例极少；高密度、超高产等掠夺性的经营模式导致果园土壤、生态条件恶化，在很大程度上制约了果园环境改善和土壤有机质水平的提高；施肥种类不合理，长期以施化肥为主，有机肥投入严重不足，从而导致土壤结构破坏、保肥贮水能力差。这也是造成苹果园产量低、果品质量差的重要原因之一。

4. 我国苹果生产中的主要树形

（1）放任树形

放任树形在我国的应用已很少，只在新疆和西北部分偏远地区和放弃管理的果园采用这种树形，这种树形的特点是所有主枝和侧枝出来后都不进行人为修剪，任其自然生长［图1-6（a）］。树冠较大，主枝多，从地面发生后抱头生长，下部主枝往往和主干一样粗。树冠郁闭，内堂光秃，果实产量低，品质差。

（2）基部三主枝疏散分层形

基部三主枝疏散分层形一般按3米×5米的密度种植，乔化砧木，按照大冠树形来培养。大主枝12～15个，分3～5层，基部3个主枝每个配备2个侧枝，下部共三主六侧十二枝，上部一般不配备侧枝［图1-6（b）］。每亩留枝量约17万～22万。综合利用刻、剥、拉技术，促使苹果提前结果和前期增加产量。这种树形成型慢，结果晚。当果树进入盛果期后，树冠开始郁闭，内膛光照严重恶化，苹果的产量和品质显著降低，果农效益也大大减少。这是我国传统的大冠树形，在过去应用很广，现在应用这种树形的已很少。

(a) 放任树形

(b) 三主枝疏散分层形

(c) 小冠疏层形

(d) 纺锤树形

图1-6　我国苹果生产中应用最多的四种树形

（3）小冠疏层形

我国有相当一部分的果园树形采用小冠疏层形，这些果园大都分布在土壤较为瘠薄的丘陵地区。在胶东地区的实际应用中往往采用2米×3米的株行距，大部分采用乔化砧木。部分也用矮化砧木，但由于早衰严重和干性弱，大都埋土防倒伏，致使失去矮化特性。这种树形的主要特点是干高40～60厘米，树高3米左右，冠幅约2～3米；全树有主枝6个，按3-2-1排列；第一层3个，配备1个侧枝（或2～3个）；第二层2个，不培养侧枝；第三层1个；留足3层后，树冠顶部开心；层间距小，只有60厘米左右［图1-6（c）］。整个树形下大上小，以基部三主枝结果为主。小冠疏层形是疏散分层形的简化版本，具有成形快、早结果、幼树摘叶套袋比较方便等优点，容易实现早丰产。但进入盛果期后由于密度大、树干矮、枝叶量大等问题，不利于提高果实品质，也不利于果园生草和打药等操作管理。

（4）纺锤树形

我国从20世纪80年代就大力推广纺锤树形，在山东省、山西运城、陕西省和甘肃省等地应用最多。我国的纺锤形基本上都是乔化砧木，在主干上螺旋排列十几个大主枝（在生产中果农往往舍不得去大枝，最后主枝数能多达二十几个），将主枝拉平，主枝单轴延伸，在主枝上培养大中小型结果枝组。树干高40～50厘米，中干直立生长，冠高3～4米［图1-6（d）］。下层主枝长2～3米，开张角度70°～90°。主枝上配备中、小型结果枝组。可是我国没有好的矮化砧木，直接在乔化砧木上培养纺锤树形，结果六七年后树冠开始郁闭，果实品质和产量也逐年降低，并且随着树龄增长，这种问题更加严重。

利用高光效开心树形对现有乔化密植果园进行改造，并配合果园生草、增施有机肥、套袋、覆反光膜和病虫害综合防治等配套技术进行苹果的标准化生产是我国未来苹果发展的主要趋势，最近几年在全国各地的实践也证明这是解决当前苹果存在问题的最佳途径。由于我国是大陆性气候，冬季干冷，春季干旱，并且土壤肥力低，不适合矮化砧木。而乔化砧木天性就是要生长成大冠树形，日本苹果的开心树形、乔化稀植、大冠高干、无头开心、小型机械、省力栽培（无袋）、追求品质等，是将来几年乔化苹果园的最佳选择。

5. 日本苹果生产简况

（1）日本苹果栽培历史和现状

1875年，日本从美国引进了西洋苹果树种，首先在青森县试种，然后在全国不断扩大，主要是本州岛北部，目前产区主要分布在青森、长野、秋田、岩手、山形和福岛等地区（图1-7）。近几十年来由于劳动力成本上升等因素，日本苹果种植总面积持续萎缩，到2017年只有3.65万公顷，平均单产约20.9吨/公顷，总产量近73.52万吨。青森县的苹果产量约44万吨，占到全国苹果总产量的一半以上。

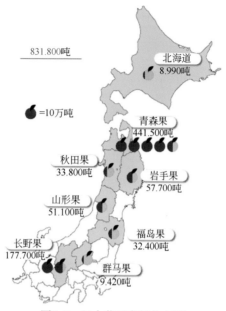

图1-7　日本苹果产量分布图

日本果农每户平均仅经营0.6公顷果园，由于园艺管理精细，优果率可达90%左右。日本苹果生产最大的问题是劳动力不足和老龄化严重，受劳动力成本高的影响，日本苹果产业形成了生产规模小、投入高、收益高的特点（日本苹果生产时间和资金投入比例如图1-8和图1-9所示）。由于日本苹果产业规模小，导致生产成本

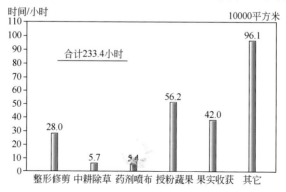

图1-8　日本苹果生产事项时间投入比例

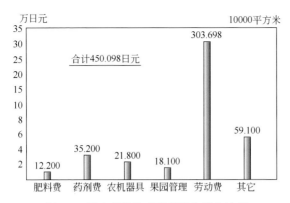

图1-9　日本苹果生产事项资金投入比例

过高，市场竞争力不断下降，加之进口水果冲击、生产者老龄化且后继无人等问题，苹果生产总体呈萎缩态势。不过日本苹果生产技术先进，研究深入，管理细致，值得学习和借鉴。

（2）日本苹果栽培管理的特点

　　果园生草、开心树形、精细管理和果园机械化的大量应用是日本苹果生产的主要特点。日本果园土壤管理以种植牧草(生草)、施用高温发酵有机肥为基础，所有果园都进行生草，目前应用自然生草的比例越来越大；同时每1000平方米(栽植20株、产量3～4吨)的开心树形成龄果园需秋施基肥600千克。严格地疏花疏果、套袋、摘叶、转果、覆反光膜等技术都是在日本兴起的，并得到了广泛应用；最近十几年由于套袋作业投入人力太大，也不利于果品品质的提高，所以日本苹果生产逐步趋向于无袋化(图1-10)。日本果园机械化程度高，喷药弥雾机、割草机、旋耕机、施肥机、采果

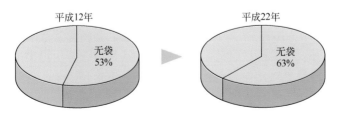

图1-10　从2000（平成12）年到2010（平成22）年青森县苹果无袋栽培比例变化

梯、小型运输车等果园机械一应俱全，部分实现了机械化作业。

另外，日本果园从业人员虽然年龄大、但是技术水平高、经验丰富。日本苹果栽培以富士苹果为主，通过长期的探索，日本制定了一套完善的符合富士苹果自然生长习性的栽培方法。管理上主要从四个方面入手。第一要做好果园的土壤培肥和严格的施肥管理；第二要采用开心形树形和甩放的修剪方法；第三要做好病虫害防治工作；第四要做好授粉和疏花疏果工作，防止大小年。日本的苹果产量是150～200千克/株，都是优质大果，基本没有小果和残次果，也没有大小年，其中合理的密度和整形修剪技术是非常关键的。在日本经过近百年的探索，放弃了其它树形，最终选择了开心树形，这种树形通风透光最合理，树冠内叶片的光合能力强。

（3）日本苹果开心树形的特点

① 合理的种植密度　成年苹果树的主枝能长到3米多长，相邻两棵树的主枝要求不交叉，留有1米的间距以利通风透光，所以相邻两棵树的株行距就要7米才合适。日本普遍采用7米×7米的密度种植，每亩地平均13棵树。当然，幼树期种植密度可以加倍，但是要一开始就确定好永久株和临时株。对临时株要按临时结果用的修剪方法进行修剪，过了一定的结果期后要及时缩冠间伐逐渐除去临时株，不能让临时株影响永久树生长。

② 开心树形　开心形树形的树高一般3米多高，无主干头，在1.5～2.5米的高度处，培养2～4个永久性大主枝（图1-11）。每个永久性大主枝上在适当的位置和方向再培养1～2个永久性大侧枝（亚主枝），以永久性的大主枝和亚主枝为骨架枝，所有骨干枝在高度和方向上都相交错排列。在每个骨架枝上大约每间隔50厘米左右培养1个大的结果母枝组，结果母枝组也要在骨架枝的两侧左右交错排开。结果母枝组是由结果母枝和从母枝上分生出来的结果枝组成的。结果母枝在骨干枝两侧，以斜向上生长为主，有的斜向下生长，形成一个排列有序有相当厚度的结果空间，并且相互不影响生长。只有每个结果枝组都能处在通风透光良好的环境中生长，叶片光合能力强，苹果的产量和品质才能提高。从定植的幼树苗如何

图1-11 日本开心形苹果树体结构

使其3年结果，7年丰产，以后又是如何通过变侧主干形把它逐年演变成开心形树形的，这些内容将在以后的章节中介绍。

③ 甩放修剪 苹果枝条的自然习性是1年枝，2年花，3年果。就是说苹果枝条自然生长到3年就可以形成结果枝，在3年生部位有长果枝、中果枝和短果枝，两年生部位还有腋花芽。长到4～5年，结果枝上分生出来的枝条又可以再形成新的结果枝，这样最初的结果枝就变成了结果母枝。继续生长结果母枝和它带着的结果枝就形成了结果母枝组。富士苹果的自然习性是下垂枝条上结的果好，果实个大、品质好。利用这种习性，对枝条的修剪一律不要打头短截，更不能重剪，而要全部甩放。1年生的长枝条尽量多留（背上的徒长枝除外），不打头不短截，等2～3年后见花时再适当疏除，把多余的枝条整个剪掉，在适当的位置上通过甩放培养结果枝和结果母枝。如果对枝条采用短截的修剪方法，剪短的枝条就会冒出很多新的嫩枝条，造成枝条年轻化，营养生长和生殖生长的平衡被破坏，导致结果时间推迟。所以，对富士苹果修剪上要强调甩放而忌讳重剪。一个结果母枝一般可以使用6年左右，通过不断地更新修剪进行调整，使其保持足够数量的健壮结果枝组。在此基础上做好开花授粉、疏花疏果、土壤培肥施肥、防治病虫害等管理，就可以做到长年（40～60年）稳产高产。

第二章 苹果开心树形的主要特点及丰产原因

1. 开心树形的主要特点

苹果开心树形整形修剪技术是日本经历了近百年的探索后形成的，日本的苹果树形先后经历了自然放任形、主干形、分层形、开心形和自然开心形的过渡，最终选择了自然开心形，并随着20世纪六七十年代富士的高接换优而推向全国。日本苹果开心形常见树体结构见图2-1。这种树形光照充足，产量高，品质好（图2-2），在日本80%以上的苹果园都采用开心树形。根据树干的高低可分为：高干开心形、中干开心形和矮干开心形；根据地域的不同可分为：山坡地开心形、平地开心形和雪地开心形等。不同的开心形结构和管理有所差异，但是基本结构和修剪手法是相同的。标准的开心形是大冠高干、自然开心（图2-3），实践表明这种树形最适合乔化富士苹果树，应用最广，本书所讲的开心形就是指这种自然开心形。其主要结构特点如下。

（1）定植密度

株行距一般为7米×7米，也有的地方按（8～9）米×（8～9）米定植，王林、红星等品种可按6米×6米定植。充分的空间是培养开心树形的前提，不过在小树培养阶段可种一些矮化砧木的临时株（3.5米×3.5米），以利于早期收获。

（2）树高

树高控制在4～4.5米，叶幕厚度3～3.5米，保持一定的树冠

(a) 延迟开心形树体结构   (b) 四主枝开心形树体结构

(c) 三主枝开心形树体结构   (d) 二主枝开心形树体结构

图2-1　苹果开心形常见树体结构（末永武雄提供）

图2-2　日本开心树形结果状况

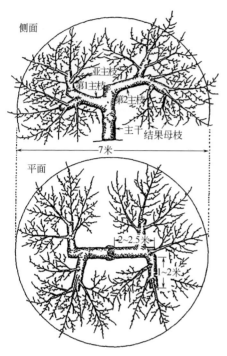

图2-3　自然开心树形结构特点
(岩崎雄之辅，1994)

高度有利于培养下垂的结果枝组，形成立体的结果树形。富士苹果下垂枝结出的果实大、果形好，避免了果实和枝条的相互摩擦，也便于打药施肥等田间操作。

（3）主枝

留两个永久主枝（也有的留三主枝），第一主枝高度1.5～1.8米，第二主枝高度1.8～2.1米，第一主枝与水平面的夹角为35°，第二主枝与水平面的夹角为20°（图2-3）。在幼树时期（6～10年），两个主枝延长的最大高度为3米左右（图2-4）。

（4）亚主枝

每个主枝留两个亚主枝（我国一般称为大侧枝），交错分布，第一亚主枝距树干1.5～2米，第二亚主枝距树干2～2.5米。在亚主枝上着生一定数量的结果母枝群（侧枝），结果母枝群上着生结果母枝（图2-5）。

图2-4　开心形苹果树的主枝和亚主枝

图2-5　开心形苹果树亚主枝结果状况

（5）结果母枝和结果枝

结果母枝是指5~6年生枝条，结果枝是指3~4年生着生果实的枝条。培养充足优良的结果母枝是苹果丰产的保证（图2-6），富士、国光、王林等需要1500条/亩，元帅、乔纳金等需要1300条/亩。

图2-6 开心形苹果树下垂枝组结果状况

（6）亩枝量

富士、国光、红玉、王林等亩枝量为4.7万枝左右，元帅、乔纳金、陆奥等为4万枝左右。

2. 开心树形的主要优点

与我国传统的树形相比，开心树形主要有以下几个优点。

（1）主干高、园内通风透光好

日本开心树形主干一般在1.5米以上，消除了下部的无效光区，增加了果园的通风透光能力（图2-7）。主干高是开心树形区别于我国传统苹果树形的主要特点之一。我国传统的疏散分层形、小冠疏层形等都以基部三大主枝结果为主，结果部位大部分都处于低光区和无效光区，这是传统树形果实品质差的主要原因。

（2）无主干头，增加了内膛光照

分层形、纺锤形等树形树冠内膛光照最差，主要是因为存在主干头，挡住了上部的光照。开心树形没有主干头，所以改善了内膛光照（图2-7）。虽然分层形和改良纺锤形也讲究落头，但是由于落头没有开

图2-7 开心形树主干高，无头开心

心形彻底，树冠层次多，在内膛的枝叶还是见不到光，所以内膛光照没有得到彻底改善。

（3）永久性大主枝少，相互不重叠、不交叉，树冠单层，枝、叶、果全部见光，果实品质高

开心树形大主枝只有2～4个（一般2～3个），所有骨干枝都相互错开高度、错开方向分布，完全没有主枝和骨干枝交叉和相互遮阴的情况，这也就保证了整个树冠的枝、叶、果都能较好地得到光照，保证了花芽分化和发育、果实生长时所需的营养物质，因此能够实现优质丰产。

（4）果树修剪以甩放为主，修剪方法简单，容易成花

通过培养主枝两侧下垂结果枝组结果，形成立体结果树型，果树的产量高。我国传统的苹果修剪以短截为主，有轻短截、中短截、重短截，还有戴帽修剪的方法，这些手法在富士苹果上效果很差，而甩放修剪既容易成花，也减轻了劳动量。

（5）亩枝量少

冬剪后亩枝量5万条左右，因此树体的光照充足（图2-8）。传统树形冬剪后亩枝量12万～15万条，枝量大、光照差。

图2-8　开心形树亩枝量少，树体结构简单

（6）结果年限长

开心树形20年成型，30～60年是稳定结果期，在日本有许多80年生树还能保持连年高产稳产，百年生树还结果。而我国密植

的果园往往不到30年就砍伐了。开心树形是一种优质丰产的树形，应用开心树形可以彻底解决困扰我国苹果生产中存在的光照差、产量低、品质差、大小年现象严重的四大技术难题。

3. 开心树形优质丰产的原因

农业生产的本质就是利用农作物将地下吸收的营养元素、水分和空气中的二氧化碳，利用光能在叶片中合成有机物质，并促使这些有机物尽可能多地向生产器官（如果实）转移。一切的农业生产措施都是为了增加叶片的有效光合和根系的营养吸收。果树整形就是采用修剪等技术手段，对单株（稀植）或群体（密植）建造一个能负担一定产量、保证一定质量、能合理利用光能和土地面积的树形。一个好的树形从开始建造到树的死亡有一个不断变化的过程。开心树形能够优质丰产的主要原因如下。

（1）增加冠层有效光能截获，提高苹果产量

光合生产力的大小是苹果产量的决定因素，合理的树形结构可以有效增加苹果冠层的光能截获，提高产量。同时，合理的树形结构可改善枝叶的分布，提高光能的有效利用率，增加结果体积。对于开心树形来说，通过在主枝上搭配上下错落分布的结果枝组，增加了冠层的光能截获和结果体积，而且这些结果部位还都能得到较好的光照。过去为追求产量，我国一直提倡分层形、主干形和纺锤形，虽然这些树形枝叶量大，光能截获比开心形多，但是对果树生产来说光能截获也不是越多越好，当树冠过于郁闭时，内膛光照会严重恶化，成花困难，产量降低，果实品质变差，效益减少。

（2）改善树冠光照分布，提高苹果品质

苹果的花芽分化、产量品质的形成都需要足够的光照（图2-9），研究表明相对光照低于30%时，苹果的花芽分化和品质就受到严重影响。因此，对于进入盛果期的苹果树来说，整形修剪的主要目的是维持良好的树体结构，控制合理的枝叶量，为苹果品质形成提供保证。开心树形主枝少而开，上下不重叠，左右不交叉，

枝、叶、果都能充分见光，地面见光斑，有反射光，所以能够提高果品品质。一般而言，开心树形冬剪后亩枝量5万条左右（高产园也不能超过7万条），叶面积指数2.5～3最为合适。

图2-9　苹果体内养分转化示意图

（3）调节营养生长和生殖生长的平衡

营养生长是苹果生长结果的基础，结果是苹果生产的目的。通过整形修剪可调控两者之间的平衡关系。开心树形在幼树期通过选留大角度主枝、拉枝开张角度、甩放多留枝等技术，促进苹果由营养生长向生殖生长转变。对于老果树主要是通过枝组更新、回缩、疏剪、多选留营养枝等技术，复壮树势，延长结果年限。

（4）调节树体营养和激素平衡

开心树形在修剪时对于直向下的背下枝、无芽废枝进行剪除，对细弱枝进行回缩，过密枝组适当疏剪，可以节约树体养分。修剪也能调节树体内的激素平衡关系，短截能够刺激更多的枝条萌发，产生更多的生长激素，促进根系生长，抑制花芽分化。长枝富士徒长性强，不易成花，所以不能短截；而短枝型品种当花芽形成过多时，树势容易衰弱，可以适当短截，促进生长类激素的分泌，恢复树势。

（5）**减轻病虫害的发生**

树冠郁闭，容易滋生各种病虫害，同时打药也非常困难。通过合理修剪改善内膛光照，增强树冠的通风透光条件，可以大大减轻病虫害的发生。开心树形光照好，枝、叶、果都能充分见光，所以病虫害少。同时，由于内膛不留枝，在打药时内膛和主干都能较好地得到保护（图2-10）。

图2-10　开心树形内膛光照好

第三章　开心树形的培养过程

在日本，开心树形培养初期也经历主干形和分层形的过渡，不过由于目标是开心形，最终利用中上部两三个大主枝结果（图3-1），而不是利用下部三大主枝结果，所以整个树形的培养过程与我们传统的分层形、纺锤形、小冠疏层形等树形的修剪管理有很大的差异。

图3-1　苹果开心树形结果状况（盐岐雄之辅提供）

由于我国目前从小树开始就按开心树形培养的果园极少，下面将日本开心树形的培养基本过程介绍如下：培养一般可分为幼树期、初果期和盛果期三个时期，在日本分别称之为幼木期、若木期、成木期。幼树期指不足4～5年生的树，这个时期按主干形整形；初果期指6～10年生的树，这个时期按变侧主干形整形，在这个时期已把树头去掉，中心干高度不再增加，维持8个左右主枝；盛果期的前期（树龄10～20年）首先将主枝由8个逐步减少到4个（图3-2），然后再减少到2个（图3-3），并在这2个主枝上逐步培养出4个亚主枝；盛果期的后期（20年生后）把亚主枝部位以上的主枝头逐渐缩小最后截掉，以4个大的亚主枝为骨干枝进行结果。由于培养亚主枝周期长，技术要求高，所以我们一直提倡在我国培养有3个主枝的开心树形（图3-1），不培养亚主枝。当主枝形成后，主要是不断更新结果枝组，维持稳定的树形。在日本，一般苹果的结果年龄可达60年以上。

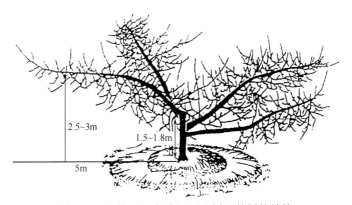

图3-2　4主枝（15年生）开心树形的树体结构

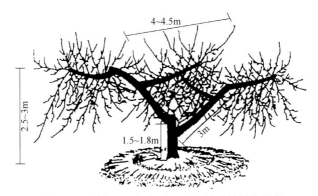

图3-3　2主枝（25年生后）开心树形的树体结构

🍎 1. 幼树期树形培养

（1）选苗定干

选择粗壮健康的苗木种植，根系较为完整，高度1米以上，底茎至少1厘米，在70～80厘米的高度选择饱满芽定干［图3-4(a)］，对于细弱的苗木定干高度要适当降低。在日本，一般用扦插繁殖圆叶海棠做砧木，这种砧木没有主根，果树的长势缓和，也不用环剥。也有部分果园采用矮化砧木（主要是M系），采用纺锤形整形。

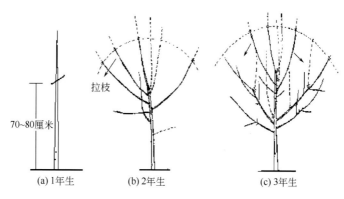

图3-4　1～3年生幼树树形培养过程

（2）2年生小树的整形

定植当年冬剪时，当年新生的中心干留40～60厘米，在饱满芽处进行短截，刺激新枝发生；将贴近中心干上部角度小、长势强的竞争类枝条疏掉（图3-5，图3-6），这类枝条极性过强，任其生长会扰乱树体结构，也不易成花结果；对下部的张角大的中庸枝条剪5厘米左右，留外芽以利于开张角度，其中与中心干夹角小于45°的枝条一般不用，如果需要必须进行拉枝，这些枝条都是临时收获枝，通过轻剪缓放和拉枝促其早期结果；最下层的枝条不要打头短截，以利尽早成花结果。修剪完成后枝头成圆弧状［图3-4（b）］。

图3-5　选留大角度主枝缓放成花　　　图3-6　去掉小角度的竞争枝

（3）3年生小树的整形

定植2年后，3年生树的整形与2年生树相类似，当年新生的中心干留40～60厘米在饱满芽处进行短截；将上部角度小、极性强的枝条疏掉，长势中庸张角大的枝条留外芽轻剪，角度不够大的枝条可拉枝；对其主枝延长头的竞争枝条和背上大的徒长枝也要疏掉，其它枝条一律甩放，修剪完成后枝头成圆弧状［图3-4（c）］。要提早结果，枝条就不能重剪短截。对中心干用同样的修剪方法继续往上培养主枝，一年一层，各层之间的留枝要注意错开高度和方

(a) 修剪前　　　　　　　　　　　　　(b) 修剪后

图3-7　3年生苹果幼树整形修剪方法

向，不可重叠交叉（图3-7）。实际上，如果采用壮苗建园，结合选留中庸枝条培养主枝、拉枝、刻芽等技术综合应用，定植后第3年亩产就可达到500千克以上（图3-8）。到5～6年生时就形成了有5～6层有10～12个主枝的幼树。在小树的培养期，对于在主干的同一高度处形成的轮状枝，要及时清理，防止出现卡脖子现象。

图3-8　定植后3年乔化苹果树结果情况

（4）4～5年生树的整形

这个时期仍然按照主干形整形，中心干继续向上延长，主干前端1年生枝条的修剪同上，树高达到2米以上时，选留8个主枝在中心干上交错排列（图3-9～图3-11）。主枝和侧枝的培养过程中都要避免

(a) 幼木期(5年生，末永武雄果园)　　(b) 若木期(8年生，末永武雄果园)

图3-9　苹果幼树树体结构

图3-10　苹果树第4年树体结构　　图3-11　苹果树第6年树体结构

使用轮生枝，修剪完成后主枝和侧枝从基部看是一个下大上小的等腰三角形。枝条修剪仍以甩放为主，下部的主枝延长头也尽量不再短截，并要疏掉徒长枝和与主枝延长头竞争的枝条（也可夏剪时进行）。

对4、5年生的树要特别注意下部第一层主枝的修剪。要去掉主枝上面的过粗的侧枝，减少叶面积，限制其生长。把这第一层主枝当作结果母枝使用（图3-9，图3-10）。如果放任第一层主枝生长，就会影响上层永久性主枝的发展，不利于开心树形的培养。

2. 初果期树形培养（8～10年生树）

这个时期主要是落头开心和主枝培养。当8个主枝形成以后（5、6年生时）中心干就不再延长，这时要留一个小头（图3-12），先在a处落头留A当小头，下一年在b处落头留B当小头，以后每年对这个小树头去强留弱，抑制其长大（因树头生长方位不断变化，所以这个时期的树形在日本称为变侧主干形）。保留小头可以保护地下主根的生长，保护下部主枝不受腐烂病的侵害，也可以防止日灼，同时小树头也能挂果。树头下部主枝的直径达到主干（C处）的2倍以上时就可以把树头全部去掉了，小树头也可以永久保留，但是绝不可以让它长大。

在8个主枝当中选择4个主枝当作将来的永久性主枝来培养，这4个主枝成十字形排列，第一主枝距地面一般要在1.5m以上，其中第一主枝与水平面成35°的夹角，第二主枝与水平面成20°的夹角。保持一定的仰角可以增加主枝的高度，以便将来培养下垂的结果枝组。我国在苹果主枝培养过程中角度过大，有的与地面平行，这样不利于培养健壮的永久性主枝。苹果初果期对于主枝采用甩放的方法培养中小型结果枝组，以后再将中小型枝组培养成为大型结果枝组（图3-13）。初果期除了背上枝、竞争枝外，其它枝条尽量多留，以缓和树势，提前成花。

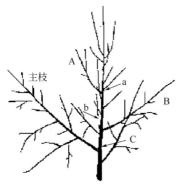

图3-12　开心树形培养中树头处理

图3-13　苹果主枝上大型结果枝组分布

🍎 3. 盛果期整形

（1）10～20生树的整形

这个时期主要将主枝数目逐步由8个减少到4个（延迟开心形），再减少到2个，并培养出主枝上的亚主枝。也有的开心形只有3～4个主枝，不培养亚主枝，利用主枝上的大、中、小型结果枝组结果。标准的开心形首先用5年左右的时间通过落头、提干将主枝数逐步减少到4个（从变侧主干形到延迟开心形），再用5年左右的时间把4个主枝减少到2个（从延迟开心形到开心形，图3-14，图3-15）。

第一主枝距地面1.5～1.8米，第二主枝距地面1.8～2.1米（图3-16）。为维持主枝的生长势，在修剪时可对主枝延长头轻

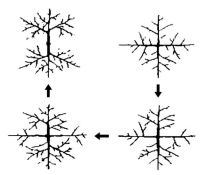

图3-14　从延迟开心形到开心形的树体结构变化

图3-15　延迟开心形苹果树结果状况

(a) 修剪前树体结构

(b) 修剪后树体结构

图3-16　苹果开心树形主枝培养

短截，留果时延长头部位不留果，当主枝（或亚主枝）角度过大时要用支柱撑上。其它临时性主枝一律甩放，以结果为主。随着树龄的增大，临时性主枝要逐步缩小。对于下部的临时性主枝，由于内膛光照的郁闭，主要采用逐步疏除基部的枝条，使结果部位外移；对于中上部的临时性主枝，可以向外赶，也可以将枝头部位去掉，留基部结果枝组结果，总之以不影响永久性主枝的生长和光照为原则。在主枝2米左右的位置选留2个侧枝来培养亚主枝，这2个侧枝左右交错，生长势强，斜向上生长，间隔80厘米，随着亚主枝的长大，所有影响亚主枝生长和光照的枝条都要去掉。

图3-17 开心形苹果树结果状况

（2）20年生后树形的管理

20年后主要是亚主枝的扩大和结果枝组的完善，树形完全形成后主要就是不断地更新结果枝组，维持树势。随着树冠的扩大，当亚主枝相互影响时，也要根据实地情况将两个亚主枝的部分枝组进行缩减，维持整个果园的通风透光条件；如果相互交叉严重，也可将某个亚主枝去掉（图3-17）。

4. 计划密植

在日本，开心树形苹果树的株行距一般为7米×7米，也有的地方按（8～9）米×（8～9）米定植，王林、红星等品种可按6米×6米定植。充分的空间是培养开心树形的前提。不过在小树培养阶段可种一些矮化砧木的临时株（3.5米×3.5米），进行计划密植，以利于早期收获。临时株只是用于临时性结果，不培养永久性主枝和亚主枝，只在主枝两侧培养结果枝组。随着树龄的增大和树冠的郁闭，要逐渐缩冠和间伐（图3-18）。

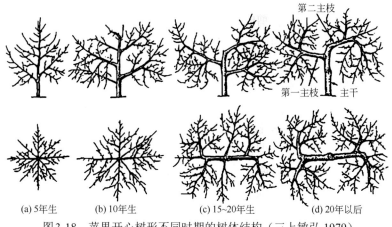

(a) 5年生　　(b) 10年生　　(c) 15～20年生　　(d) 20年以后

图3-18 苹果开心树形不同时期的树体结构（三上敏弘 1979）

5. 树形随树龄的演变

开心树形的培养是一种动态的培养过程，随着树龄的增大，应不断地调整树体结构。株数由多到少；大枝数从少到多，又从多到少，最后变成2个；结果枝组从密到稀，开始在临时性主枝上，最后集中到4个亚主枝上，自始至终都维持着一种合理的结构参数。在日本，开心形树高控制在4～4.5米，叶幕厚度3～3.5米，富士、国光、红玉、王林等亩枝量为4.7万条左右，元帅、乔纳金、陆奥等为4万条左右，富士、国光、王林等的结果母枝量为1500条/亩左右，元帅、乔纳金等1300条/亩左右。通过实践，我们发现在我国富士苹果亩枝量5万～7万条是实现优质丰产的最佳结构参数。

6. 开心树形整形修剪的步骤

在日本，苹果整形修剪过程的步骤如下：

第一步，观察判断。先环绕果树观察，看要修剪的永久树与相邻临时树的关系，看树本身各个大枝上下左右的关系，看大枝上的侧枝结果枝的情况，看花芽的着生情况。找出破坏树形结构的应该除掉的大主枝和大枝。

第二步，调整果园密度。在建园时，为了照顾早期产量，一般种植密度大，因此修剪时首先要根据树体大小判断当前的密度是否合适，不合适的要对临时株缩冠间伐，千万不能不分重点，对所有树的主枝都回缩。

第三步，清理内膛。对永久株主枝基部上的侧枝，凡妨碍人走近树主干的部分先清除掉，以方便操作。还要清理主干上的萌蘖枝和杂乱小枝，去掉主枝上离主干50厘米以内的侧枝，使主干能清楚地显露出来，达到即使在夏天树干也能接受到光照和充分着药。

第四步，逐步疏除妨碍树形的大枝。首先找出破坏树形的影响最坏的大枝，把它去掉，再接着把其它破坏树形的大枝逐个清除，使树体可以留用的大枝比较清晰地显现出来。大枝的减少要分年逐步进行，以免影响产量和树势。

第五步，落头。把当年应该去掉的一段主干树头除去，打开上部空间，改善中下部光照。

第六步，提干。对主干1.2米高以下的应该清除的大主枝，根据中部和下部大主枝的相互关系的状况，确定分年去除方案，去掉当年必须除掉的部分大枝。可以是去掉整个大枝，但最好是用结果部位外赶法分次去除。

第七步，选择确定永久性大主枝。从1.5～2.5米高的部位选择方向和高度相互错开的大主枝3～4个，作为要培养的永久性大主枝。主枝的开张角度一般在60°～80°，其它主枝一律作为过渡性收获枝。

第八步，清理过渡性收获枝。过渡性收获主枝凡是影响永久性主枝生长的部分，要及时去除；不影响的部分则继续结果用，逐年去除。

第九步，对留用的主枝逐个修剪。对主枝上的侧枝条，要根据下一章讲述的修剪要领进行修剪。对永久性大主枝，要按照三角形枝条分布培养结果母枝。其它过渡性收获主枝不考虑整形，只要留适当数量的结果枝结果用。

第十步，及时涂药保护伤口。对修剪作业的大小伤口要及时涂上防治腐烂病的药剂，促进伤口愈合，避免发生腐烂病。

在日本，果树修剪经常三五个人一块进行，特别是对骨干枝的修剪，这样大家可以一起沟通交流，相互启发，剪树的效果好。剪树一般分两步，先动大枝，调整树形，大枝剪完后再剪小枝，这样在树形调整时可以照顾周围的树，处理好树与树之间的关系。对于大枝的修剪，觉得可去可不去的要去掉；对于小枝觉得可去可不去的就留下，让它结果，晚一两年再去也没关系。在修剪时难免有所遗漏，还要通过复剪来纠正，而且花前复剪还有疏花和节约养分的作用。苹果的修剪要自始至终都围绕着目标树形和最佳群体结构的培养来进行，不能背离正确的方向。修剪时要选用好的工具，这样既能提高修剪的效率，也有利于伤口的愈合。另外，不能穿皮鞋等硬底的鞋，以减轻对树体的伤害。修剪后要及时涂抹伤口愈合剂，防止腐烂病的侵染。

7. 开心树形管理的注意事项

为长年保持开心形苹果树优质丰产，保持树形稳定和不断地对结果枝条进行更新就特别重要。在整形修剪过程中要注意以下事项。

① 对结果枝的支撑保护。主枝的结果枝结果量大时会被压弯或压断，要及时用支柱支持保护（图3-19），保持主枝有良好的开张角度（不要超过90°）。

图3-19 对结果枝进行支撑保护

② 及时清除破坏树形的过大竞争枝。树形培养中最忌讳留竞争枝，这样会造成树体结构紊乱，影响树形培养。

③ 对结果枝组要不断更新，结果枝组一般可用6～7年，用3～4年时就要注意及时地培养后备枝。

④ 每年冬剪时要保留一定数量的1年生延长枝，一般以斜向上生长为主，等它们长到2～3年生见花芽时，再根据空间进行选留，这是培养健壮结果枝组的主要方法。

⑤ 调整结果枝组之间的关系，随着结果时间的延长，结果枝组之间和内部小的结果枝之间也会出现交叉情况，调整好结果枝组内部各个结果枝的相互位置关系，以及结果枝组之间的相互位置关系就会非常重要。主要采用疏剪和回缩上抬的方法处理，回缩时一定要逐步回缩，不能重回缩，以免破坏树势。

第四章　主枝和结果枝组的培养

1. 主枝培养

　　对于开心形这种大冠树形来说，需要培养大型主枝，并在主枝上培养侧枝和结果枝组。在幼树期主要增加主枝数量，选留好主枝方位和角度。一般选留大角度枝条当作主枝培养，各主枝要交错排列在主干周围，上下之间最好要有一定的距离，轮生的主枝要及时处理。进入盛果期后要根据目标树形重点培养永久性主枝，临时性主枝和抚养枝应逐渐去掉。选择永久性主枝时要求粗壮圆满、生长健壮、枝头向上、结果枝组较全（图4-1）。

图4-1　苹果开心树形主枝和结果枝组分布

开心树形根据整棵树的大枝分布选择2～4个永久性大枝，我们提倡3个主枝的开心树形，开始选4个当作预备性永久主枝培养。主枝要求在树干上1.5～2.0米左右的位置分布，最低不能低于1.2米，最高也不要高于2.5米。主枝过低不利于通风透光和大型结果枝组培养；主枝过高，操作不

图4-2　结果枝组在主枝上的排列
（末永武雄提供）

便。树形培养时对于永久性主枝的延长头和预备主枝延长头也可以轻短剪，剪留下芽，促进新枝萌芽，尽快扩大树冠。主枝延长头部分不能留果，以免枝头下垂，削弱长势。在幼树阶段对于主枝上萌发的枝条（背上枝除外）要尽量保留，连续甩放3年后就可以成花结果，形成下垂结果枝组（图4-2）。当成花后再根据空间大小适当选留，一般小的结果枝组（3～4年生枝）间隔30～40厘米。一般不在主枝上培养大侧枝，因为它的存在会影响主枝的生长和两侧结果枝的培养，所以要尽早疏掉。主枝上的结果枝组要求前部小后部大，在两侧交错排列，在平面上看是一个等腰三角形（图4-3），上下错开，在主枝两侧±30°的范围内斜向上或斜向下分布，培养立

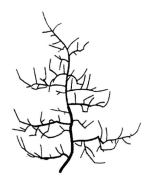

图4-3　主枝上结果枝组的排列

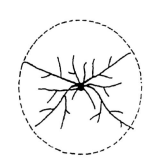

图4-4　结果枝组角度

体结果的树体结构（图4-4）。对于主枝上逆向主干生长的枝条，由于容易相互交叉而扰乱树体结构，要及时除去。

🍎 2. 结果枝组培养

一般来说，1年生枝条甩放2年形成花芽，第3年结果，有的腋花芽也能成花，但果个小，品质差。3～4年的结果枝条称为结果枝，5～6年后几个结果枝着生在一起称为结果母枝，或大型结果枝组（图4-5）。整形的目的就是为了形成大量优良的结果枝，并使之能够有充分的通风透光条件。结果枝组开始着生在各类主枝上，然后不断向永久性主枝转移，结果枝组要交错排列，以增加叶片面积并制造出更多的光合产物，并充分利用空间，达到优质丰产

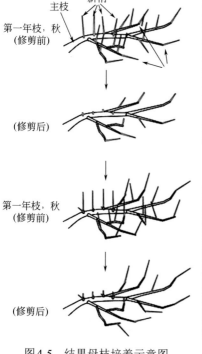

图4-5　结果母枝培养示意图

图4-6　去掉大侧枝

图4-7　去掉竞争枝

的目的。在枝组的培养过程中一定要连续甩放，单轴延伸，枝组只留1个头，不培养竞争枝和大侧枝（图4-6，图4-7）。通过砧木的选择、缓放修剪和水肥控制完全能够达到成花的目的。在修剪时也要注意长中短枝的比例，以长、中、短枝比例接近1∶2∶7为宜。

在幼树阶段就要注意在主枝两侧培养大、中、小型搭配的下垂结果枝组，以背斜生枝组为主，随着树龄的增加逐步把小的结果枝组培养成为大的结果枝组。在结果枝组的培养过程中，由于并行枝、逆向枝、内向枝、共生枝、交叉枝等(如图4-8所示)相互遮光，并扰乱了树体结构，要及时去除，轮生枝由于易产生"卡脖"现象也要及时去除。修剪完成后所有枝条都应顺着主枝的方向向外延伸，整体呈等边三角形，小枝互相之间不交叉，5～6年生枝组间距50～60厘米，10年生枝组间距1米左右。结果枝组一旦大量结果后就会下垂，对于下垂结果枝组的延长头要不断地进行回缩，修剪上抬来复壮。结果枝组延长头的回缩更新，应采用分次逐段小回缩手法，避免过快的回缩引起结果性能变差，更不能去短截。下垂枝基部往往会萌发新枝，这种枝条要适当保留并当作预备枝来培养，将来会形成新的结果枝组。一般来讲结果枝组7年左右就需要更新一次。富士苹果以下垂结果枝组结果，光照好、树势稳定、不跑条、易成花，果品品质好。

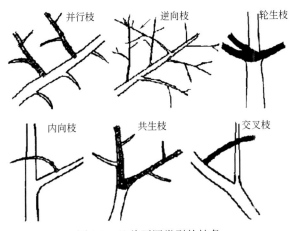

图4-8　几种不同类型的枝条

3. 修剪术语和手法

干高：从地面到第一主枝的高度。

树高：从地面到树冠最高处的距离。

叶面积指数：单位果园面积上的叶片面积总数。

永久株：永久保留、需要长时间结果的树，要按照目标树形培养永久性主枝。

临时株：早期临时性结果用的树，主要培养结果枝组进行早期结果。

永久性主枝：目标树形最终需要的主枝，开心形一般2～3个。

预备性永久主枝：在永久性主枝确定前，为培养永久性主枝选择培养的预备性主枝。

临时性主枝：在树形成形之前，在主干上保留的临时性结果主枝。

亚主枝：开心树形培养后期，在永久性主枝上培养的骨干枝，离主干1～2米左右。

长枝：枝条长度大于15厘米的1年生枝。

中枝：枝条长度在6～15厘米的1年生枝。

短枝：枝条长度小于5厘米的1年生枝。

长果枝：顶芽成花的长枝（日本指11～20厘米顶芽成花的枝条）。

中果枝：顶芽成花的中枝（日本指6～10厘米顶芽成花的枝条）。

短果枝：顶芽成花的短枝。

果台枝：由果台副梢形成的枝条。

结果枝：由长中短果枝组成的3～4年生枝。

结果母枝（结果枝组）：由5～6年生，几个结果枝组成的枝组。

牵制枝：主枝培养过程中在枝头前部保留的背上枝，主要用于限制枝头向上生长，以开张主枝角度。

预备枝：为更新主枝（或枝组），在其基部保留并培养的背上枝。

轮生枝：在同一位置发出的3～5个枝条。

共生枝：在同一位置发出的2个枝条。

并向枝：在主枝同一侧并排长出的侧生枝。

逆向枝：在主枝或侧生枝上长出的向主干伸展的枝条。

反向枝：在枝组（或侧生枝）长出的与枝组伸展方向相反的枝条。

竞争枝：在枝头部位长出与枝头竞争的大旺枝，粗度与枝头相当。

徒长枝：长势旺加粗快的枝条，一般长度大于50厘米。

内膛枝：在树干或主枝基部发出的枝条。

短截：剪去部分1年生新梢称为短截；剪得多称重短截（如剪去1/2～2/3）；剪去得少称轻短截（如剪去1/4或更少些）；居中者称中短截。

疏剪：是将1年生枝或多年生枝从基部疏除。

甩放：也称长放，对新梢不短截，缓放成花称为甩放。

回缩：剪去枝组的部分延长头，将枝头回到后面的小枝上称回缩。

拉枝：用绳子一端固定到地上，把枝角拉大。

4. 富士苹果枝芽特性和修剪要领

对苹果枝条的修剪要符合其生长习性，不能按照个人的主观想法强迫修剪，要按照枝条的生长习性来选择相应的修剪手法。

（1）富士苹果与修剪有关的主要习性

① 上位优势　处于上部位置的芽和枝条优先得到营养，营养生长势较强；处于下部位置的则相对处于弱势，营养生长势较弱。因此，贴近枝头的竞争枝要去掉；垂直向上的徒长枝，除了用作牵制枝和防止日烧起保护作用的临时使用外，也要去掉；垂直向下的背下枝受光不好，要去掉。枝条两侧斜向上生长的枝条，长势中庸，结果性能好，要多选用。苹果幼树期靠近剪口部位发出的二芽枝和三芽枝，开张角度小，爱徒长，不爱结果，要去掉。其下方发的枝，开张角度大，营养生长势稍弱，容易成花，结果性状好，要选用，可培养为主枝或过渡性收获枝（图4-9）。

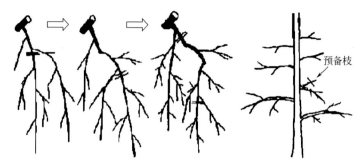

图4-9　下垂枝组修剪和预备枝培养

② 3年生枝条开始结果　富士自然生长3年的枝条，在3年生的部位开始结果，成为结果枝，继续生长就成为结果母枝。枝条短截会使生长向年轻化方向逆转，容易冒新条而不结果。所以，要采用甩放方法，放长枝以培养结果枝（图4-10），不能打头短截重剪。

图4-10　富士苹果甩放成花状况

③ 枝条开张角度影响结果性状　主枝与主干间的夹角，侧枝与主枝间的夹角叫做枝条开张角度。开张角度越小，营养生长势越强，结果性状越差。开张角度60°～90°的枝条营养生长势相对稍弱，但结果性状好。所以开张角度小于45°的枝条一般都不要用。要尽量选用开张角度60°～90°的枝条。但对于永久性主枝，角度过大结果后容易裂开，所以永久性主枝与主干夹角一般小于80°。日本果树专家小野隆司研究表明，开张角度小的侧枝是由主枝靠近皮层的部位发生出来的，而开张角度大的侧枝是由主枝靠近中心髓部的部位发生出来的。由于发生部位结构的不同造成其结果性能有差异。他还认为即使把开张角度小的枝条人为拉枝成为开张角度大的枝条，其结果性能也还是不如自然开张角度大的枝条。所以，要选用开张角度大的枝条，不要使用开张角度小的枝

条来培养主枝和结果枝组。

根据碳氮比学说，碳素比例大有利于枝条成花。开张角度小的枝条养分输送阻力小，使枝条内容易造成氮素多、碳素少，有利于营养生长，而不利于生殖生长。开张角度大的枝条养分输送阻力较大，枝条内容易形成碳素多、氮素少的状况，因而营养生长稍弱，而利于结果。

④ 枝条位置关系决定树体光照　苹果是喜光的树种，只有充分见光，枝条才能更好地成花，提高果实品质。光照的好坏主要取决于枝条的排列，只有相互之间排列有序，才能保证所有枝条都能见光（图4-11）。所以，向内反向生长的逆向枝会破坏树体结构，要及时去掉；左右并排平行生长的平行枝和上下重叠生长的重叠枝，由于相互遮阴，所以要去掉1个留1个。

图4-11　富士苹果枝组在主枝上的排列

⑤ 树势平衡与枝条选留　要维护树势的稳定就要维护枝条上下级关系的和谐。上级枝条的粗度（直径）一般为下级枝条粗度的3倍以上。下级枝条的粗度超过上级的一半就会影响树势的平衡，形成竞争枝，要及时去掉。每个主枝只能有1个枝头，不能有2～3个枝头。一棵树只能有1个主干，不能有2个主干。另外，在同一位置分生几个侧枝的轮状枝，在同一位置同时分生2个侧枝的同年枝，一般只留1个。

对于富士来说，甩放修剪有利于花芽形成。我国长枝富士品种种植最多，这些品种在修剪时除永久性主枝上的延长头和预备主枝延长头轻短截外，其它小枝一律不打头，甩放成花结果，随着结果枝组的衰弱逐步回缩更新。过去对1年生枝修剪短截多、短截重，戴活帽或死帽。因此年年剪条，年年冒条，造成总枝量过多、光照郁闭。现在修剪时对背上过旺的徒长枝和过密的大旺枝进行疏除，其它枝条全部甩放成花结果（图4-12）。如果采用短截的方法处理，不但不易成花，而且容易出现竞争枝，扰乱树体结构，影响光照。修剪时在主枝背上适当选留一些中庸的枝条，以防止日烧。对于元帅系和短枝型品种可适当短截，促进新枝萌发和复壮树势。

（2）**富士苹果修剪要领**

在富士苹果的修剪实践中，我们总结了12个字的作业要领：去大留小，去粗留细，去强留弱。

①"去大留小"指的是，修剪作业主要是去除过多的大枝，去除过大的侧枝，去除过密的大枝和侧枝。对于当年生的众多的1年生小枝，除了过多过密的部分要适当疏理外，一般不要动剪，要甩放留用。等它们2～3年生见花或要结果时再根据情况做调整处理。

②"去粗留细"指的是，对于粗度超过上级枝条的一半的过粗的竞争枝和同龄枝，要及时去掉。对于粗度在上级枝条的三分之一左右的细枝要留用。

③"去强留弱"指的是，要去掉营养生长势过强的枝条，如垂直向上的背上枝、开张角度小的大枝或侧枝、枝头的竞争枝等。要选用营养生长势相对稍弱的中庸枝，如用斜向上或斜向下生长的侧枝，用以培养为结果枝（图4-13）。

对于我国传统惯用的捻枝、扭梢、刻芽、短截等修剪手法，因为既伤树又不符合富士苹果的生长习性，无法培养出优良的结果枝组，实践效果不好。

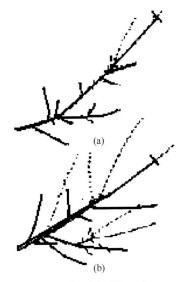

图4-12 富士苹果下垂结果枝
组结果性状

图4-13 苹果树弱枝(a)和
强枝(b)的修剪

5. 不同类型苹果树的修剪

（1）不同树龄修剪注意事项

对于不到7年生的幼树主要进行树形培养，不能用提干、落头、去大枝等措施进行改造，幼树（图4-14）主要是使其尽快扩大树冠，充分生长，同时形成健壮的根系，为将来结果打下基础。修剪时应该多留枝、多缓放，促进早成花，增加早期产量。在主枝头背上可留牵制枝，以利于角度的开张。牵制枝不可任其长大，可短截，2～3年以后去掉。在修剪时，对于长势旺、生长量大的枝条适当地多疏［如图4-13（b）］，对于生长量小的枝条少疏［如图4-13（a）］，以达到树体的平衡。一般而言，幼树长枝达到30～50厘米是适当的。

盛果期树的修剪方法如上文所述，主要注意以下几种情况。保持合理树形、调节负载量，避免大量结果和大小年现象。结果少的

图4-14 苹果的衰老树和幼旺树

要通过修剪促进多出结果枝、多成花；结果多的要通过修剪疏除一些结果枝，促进枝叶旺长，增强树势，使果实多的情况下还能保证果实质量。

成年树修剪，主枝不能回缩，树与树交叉时要分临时株和永久株处理。修剪重点放在枝组和结果枝的修剪上，注意应用缩剪使一些开始衰弱的枝更新；注意通过修剪改善树冠内光照。

对于老果树和衰弱树（图4-14），在修剪时要注意适当短截，多留营养枝，多疏细弱枝、废枝和过多的短果枝，通过多动剪子来减少养分的无效消耗。衰弱树不能进行环剥，也不要进行夏剪，利用多留营养枝以增加贮藏养分，恢复树势。更重要的是一定要加强肥水供应，适当增加氮肥的使用，疏花疏果时要少留果，控制产量。

（2）不同树势的修剪手法

修剪的强度要根据树势的强弱进行调整，一般而言树势越强修剪越轻，以缓和树势，促进花芽分化；反之，树势越弱修剪越重，以促进新枝萌发。当延长枝长度在30～35厘米时，说明树势中庸，对于这种树势的大主枝主要疏除背上过旺枝、背下枝和交叉重叠枝

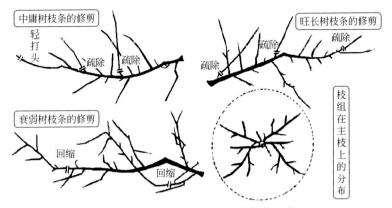

图4-15 苹果不同类型树势的修剪方法

就可以，永久性主枝头可轻短截（如图4-15）。

对树势较旺的树修剪要轻，主要去掉扰乱主枝结构的大旺枝，其它枝条尽量多留，枝头不剪，单轴延伸。对于树势过弱的树可适当回缩，背下枝、细弱枝、无芽的废枝也要要及时疏掉，同时进行花前复剪，以节约养分，促进新枝生长。

幼树生长势旺，修剪时要注意选留大角度主枝（最好在60°～80°），也要选留大角度的侧枝（与主枝的夹角最好也在60°～80°），这类枝条长势中庸，成花容易。夹角小的竞争枝一定要去掉。幼树尽量不短截，只对将来要培养的永久性主枝进行短截，其它一律甩放。

树势判断是进行合理修剪的前提，同时稳定的树势对于苹果的稳产性、丰产性和品质的提高都有非常大的影响，树势过旺或过弱都不利于苹果的优质丰产。当出现这种情况时就应该在水肥上和修剪上加以调整（图4-15）。对于旺长树要缓放疏剪，适当多留一些长枝以分散养分。对于弱树要将背下枝、细弱枝、过多的花芽疏掉，增强树势。不同树势修剪方法有很大区别，其判断标准可参照表4-1。苹果的砧木、品种和立地条件都对树势有非常大的影响，文中介绍的只是对一般立地条件下进入盛果期富士苹果的诊断方案，可供参考。

表4-1　树势诊断方案（三上敏弘1979）

诊断项目	理想树势	树势过旺	树势过弱
冬剪时一年生枝	延长枝长度在30～35厘米，枝条较粗，无分枝	延长枝长度在40～50厘米，枝条很粗，有分枝	延长枝长度在20厘米以下，枝条细弱，无分枝
冬剪时两年生枝	从基部到枝头部位都有饱满的芽	长、中、短果枝都有，并且新梢上的芽子多	新梢少，芽子数量少，芽子也小
萌芽与开花	萌芽开花较早，整齐，花量大	萌芽整齐度差，花芽分布不均匀	萌芽开花晚，花量少
新梢停长时期和秋梢数	6月中旬70%～80%的新梢停长，秋梢很少	7月上旬70%～80%的新梢停长，秋梢占20%～30%	6月上旬70%～80%的新梢停长，秋梢几乎没有
树皮和叶片颜色	叶片大小适中，淡绿色，粗枝树皮微红	叶片大，浓绿色，树皮暗黑色	叶片小，颜色浅，树皮红色显著
果实大小和着色	果实大，整齐，着色好，优质果率占85%～90%	果实大小不均，颜色发暗，劣质果比例高	果实小，着色极好
落叶	收获后不久叶色转黄，开始落叶，落叶整齐	收获后叶色浓绿，落叶迟，不整齐	落叶早，落叶快
稳产性	连年稳产，花芽分化率在60%以上	花芽数量少	花芽形成不稳定，大小年显著

6. 生长季修剪

（1）春季修剪

春季萌芽后将无用的萌芽或萌梢除掉，以节省营养，增加有效枝比例。结果树于花前疏除弱花枝和过多的短果枝。花前修剪对于苹果来说很重要，在花芽开绽后，能清楚分清花芽和腋芽，也能估计出花芽数量。苹果的花芽很难识别，大年时一些瘦弱芽开绽后含有花簇，小年时一些饱满芽开绽后常无花簇。因此，即使是很有实践经验的人，也会在冬剪时对识别花芽与叶芽产生差错。对小年树要剪去被误认有花芽及其过密的枝条；对大年树是缩剪成串花芽枝和部分短果枝，节约养分，能起到疏花蔬果的作用。

（2）夏季修剪

通过夏剪可以改善光照，减少养分的无效消耗，还可以促进花芽的分化和提高花芽质量。为改善光照的修剪在整个生长季都可以进行，一般在6月份和9月份集中进行2次，6月份的夏剪可以促进花芽的分化，9月份的夏剪可以促进果实的着色。夏剪主要是针对以下几类枝进行：萌蘖、徒长枝、逆向枝、交叉枝、内膛枝和背下枝。对于下部和内膛的徒长枝要全部去掉；主枝背上直立的徒长枝也去掉（防止日烧的除外，过旺时可短截）；主枝两侧的徒长枝，如果有空间，需要培养结果枝组的留下，其它的都去掉。逆向枝和交叉枝影响光照，要适当疏剪，逆向枝一般不留，交叉枝交叉多少就剪多少。内膛枝和背下枝一般发育不好，成花也不好，要去掉。在生长季，地下的光斑占整个地面的30%为宜。夏季修剪只对当年生枝和小枝进行，大枝要在休眠季节进行，夏剪的修剪量不宜过大，一般为总枝量的5%～10%，最多也不能超过15%。即使树势过旺时也不可过度修剪，树势旺可要通过肥水和留果等措施综合控制。

（3）秋季修剪

幼树秋季主要进行拉枝，拉枝应根据树形结构要求，拉开枝条夹角度，同时调整方位，使其分布均匀，充分占据空间。开心树形永久性主枝一般60°～80°，临时性主枝为90°。彻底疏除中心干、主枝上无用的直立背上新枝和大枝分叉处、梢头及剪锯口附近的萌生枝，增加光照。进入结果期的果树在果实着色前也要进行一次修剪，主要去掉徒长枝，改善光照（图4-16）。

图4-16 苹果秋季修剪

第五章 乔化密植果园开心树形改造技术

　　2017年我国的苹果面积和产量分别为222.04万公顷和4139.15万吨，苹果的产量和面积都超过了全世界的45%。以前我国的苹果生产存在着品质差、效益低、大小年严重、商品率低、服务体系不够健全、品种搭配不尽合理等问题。其中果园的光照郁闭是造成苹果品质差、效益低的主要原因，这种现象主要是由树形、砧木、密度三者不配套造成的。因为我国的苹果生产以乔化密植为主，株行距一般为3米×4或3米×5米，采用纺锤形（图5-1）、小冠疏层形、分层形、主干形等树形，同时每棵树保留8～9个以上大主枝，对枝条用短截的修剪方法，当树龄7年后树冠开始郁闭，内膛光照开始逐渐恶化，成花困难，果实产量降低、品质变差、大小年严重、寿命缩短。从2001年我们开始在全国推广针对乔化密植果园的开心树形改造技术，取得了显著的效果，主要从密度、树形和修剪方法三个方面进行改造。

　　大树改形一定要因地（立地条件）制宜，因时（树龄枝龄）制宜，因树（树体长势）制宜。同一个果园内的不同果树，其自身的长势和枝组分布不同，与周围相邻树之间的关系不同，改造树形的方法也不同。树形改造时绝不能千篇一律地采用一刀切的简单做法，更不能操之过急、一次到位。落头、提干和去大枝都应该逐步进行，以免造成树体早衰，缩短寿命。

　　① 密度改造　对于株行距3米×3米、3米×4米及3米×5米的密植苹果园（图5-2），首先要确定永久树和临时树，通过缩冠间

图5-1　黄土高原地区种植的
　　　　纺锤形苹果树

图5-2　3米×3米乔化密植果园

图5-3　对密植园临时株先缩冠后改形　　图5-4　对高密植园先间伐后改形

伐的方法用几年时间逐渐缩小临时株的树冠，最后除去临时株，把临时株占用的空间让给永久树，使永久树获得足够的生长空间（图5-3）。最后株行距变成6米×6米、6米×8米或6米×5米。对于2米×3米的高密植园，需要连续进行2次缩冠间伐，如果果树体较大，最好在改形前采用隔株去株的方法先间伐一半（图5-4）。

　　② 树形改造　对于7年生以上苹果树，一般有10个以上大主枝的主干形大树，要通过落头提干的方法，用几年时间逐渐去除树头、基部大主枝和其它过密主枝，在主干1.5～2米的适当高度处选择3～4个错开高度、错开方向的健壮主枝作为永久性主枝，将树形变成开心树形。

　　③ 修剪方法改造　对枝条的修剪首先要改变打头短截的修剪方法，改用甩放轻剪的修剪方法。大量培养3年生的结果枝，逐步

培养4~5年生的结果母枝，让它们逐渐形成排列有序、数目合理的结果枝组。受原来果园密度和树形限制，虽然不能完全做到和日本的果园一样，但是只要按照这种思路去改造，就一定能够得到很好的结果。

要做好苹果园的树形技术改造，首先要改变管理人的观念，要放弃原有的传统的观念和做法，认真地不折不扣地按照新的技术方法去做，才能收到理想的效果。开心树形改造的前提是7年生以上的乔化大树，对于幼树还应按照第三章介绍的方法培养，对于矮化砧木最好按纺锤形培养。

1. 我国纺锤树形特点

我国从20世纪80年代就大力推广纺锤树形，在甘肃省、陕西省、山东烟台、山西运城等地推广最多。这种纺锤形基本上都是乔化砧木，在主干上螺旋排列十几个大主枝（在生产中果农往往舍不得去大枝，最后主枝数能多达二十几个），将主枝拉平，主枝单轴延伸，在主枝上培养大中小型结果枝组。树干高40~50厘米，中干直立生长，冠高3~4米。下层主枝长2~3米，开张角度70°~90°。主枝上配备中、小型结果枝组。乔化密植，每亩种植55~110株。由于我国没有好的矮化砧木，直接在乔化砧木上培养纺锤树形，结果六七年后树冠开始郁闭，果实品质和产量也逐年降低，并且随着树龄增长，这种问题更加严重。另外还有许多细长纺锤形、圆柱形等，与自由纺锤形基本相似。

2. 纺锤形大树开心形改造技术

要解决这种乔化密植果园存在的问题，就要对其进行大改形，首先要减小种植密度，然后改变树形。改造的目标是自然开心树形。

（1）分2次确定临时株和永久性株

我国乔化密植的纺锤形苹果园一般采用2米×3米、2米×4米、4米×3米等高密度种植，采用这种密度和树形种植的乔化或半矮化果园，7年生以后光照开始恶化，10年生以后整个树冠就完全郁闭了，下层枝叶根本不能见光，产量品质也大幅下降。

对于这种密植果园，不少地方的做法一般都是把交叉的大枝各自回缩一半。这种不分主次和重点的做法，破坏了营养生长与生殖生长的平衡，结果在回缩部位会冒出大量新枝，解决不了果树郁闭问题。解决乔化密植园郁闭问题的首要办法是把过密的果树间伐掉。为了使产量不会下降，对于过密的果树可采用逐年缩小树冠，然后再间伐的办法。

对于我国的这种高密度果园，间伐1次是不够的，需要分2次缩冠间伐。如果是3米×2米、4米×2米的8年以上乔化大树，大枝交叉比较严重时，完全可以在改形前先隔株去株，间伐一半。如果大枝交叉不是很严重，也可以用2～3年的时间缩冠间伐，第一年对临时株提干落头，去掉全部的株间伸展的大枝和影响永久株的大枝，大约需去掉2/3的大枝。第二年如果没有临时株的空间，就直接间伐掉；如果还有空间，最终留2～4个大枝就可以了。第三年必须间伐掉。对于3米×4米的乔化密植果园，需要采用三角形间伐的方式进行密度改造，一般需要用3～5年的时间完成（图5-5，图5-6）。

（2）永久株的处理方法

树形培养的目标是大冠高干的高光效开心树形。对于永久株也是要经过落头、提干、疏大枝等方法逐步减少主枝数量，将纺锤树形改为变侧主干形，再改为开心树形。纺锤树形一般下大上小，如果同时将下面的三大主枝去掉，对产量和树势的削弱太大，所以改形

图5-5　开心形改造4年后间伐的
3米×4米乔化密植园

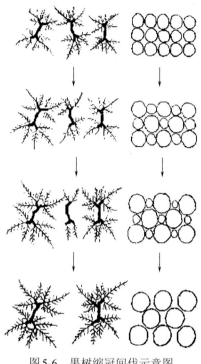

图5-6　果树缩冠间伐示意图

时提干不要太快，对于8～10年生的苹果树尤其要注意。

① 落头作业要领　将主干树头去掉叫落头。落头时不能一次到位，要用3～5年分次分段下落（图5-7）。如果树头已经去掉的苹果树，当上部主枝较多较大时，应该先去掉部分上层主枝或大侧枝（图5-8），过一两年再进行落头。落头后上部最好保留小树头，以利于地上地下养分、水分的交换和树势的稳定，也能够防止日烧和腐烂病发生。最后的一次落头要落在最上部永久性大主枝上方的30～50厘米处，最好保留一个小树头，但小树头只留少量中庸枝条，过旺和过密的枝条要逐年去除，不能形成新的树头。等到最上部永久性主枝粗度超过该主枝上部主干2倍时，才能把树头全部去掉，也可以不去，永久保留小树头。一般纺锤形上部小，落头可快些，对于8～12年生的树可用2～3年的时间把树头落在2.5～3米的位置。

图5-7　逐年落头

图5-8　将上部临时性主枝缩小

② 提干作业的要领　下部的粗大主枝截留营养，会影响中部永久主枝生长，要及时去除（图5-9），使永久主枝得到更多营养。对于见不到光照的下部枝条应及早去掉；对于还能受光好、结果好的下部枝条，只要不影响中部主枝生长的可以暂时结果。对下部还能利用的大主枝，用向外赶的做法分2～3年去掉。外赶一般优先将大侧枝去掉（图5-10），同时将靠近主干的不见光的枝组去掉，而靠外部结果的部分枝条留下来，将结果部位赶到外面。对于8～12年的刚进入盛果期的果树，一般用3～5年时间将干高提高到1.0～1.2米的位置，再用2～3年的时间提高到1.5米的位置（图5-9）。

图5-9　疏掉下层大主枝　　　图5-10　去掉主枝上的大侧枝

③ 疏枝作业要领　开心形改造除了提干和落头外，还要根据树体状况疏除一部分主枝。8～12年生纺锤形树大枝数一般有12～15个左右，首先要从中部的大枝中选择4个方向好、生长健壮的主枝当作永久性大主枝培养，对其它主枝逐年去除，优先去掉对永久性主枝有影响大的主枝（图5-11）。纺锤形大树改造的第一年可疏掉3～4个大枝，以后每年再去1～2个（图5-11，图5-12），5年以后留6～7个大枝。永久性主枝一定要健壮，角度在60°～80°，相互之间方向错开。其余的主枝则作为过渡性收获枝结用。对于永久性大主枝要逐年培养大型的结果枝组，对于过渡性结果用的主枝，凡是影响永久性主枝生长的部分要及时去除，不影响永久性主枝生长的部分继续结果使用，让它逐步缩小，最后被清除。

图5-11 去掉对永久性主枝
有影响的大主枝

图5-12 开心树形改造后2年
的树体结构

（3）临时株的处理方法

第一年对临时株提干、落头、去掉所有株间伸展的主枝和过密主枝，先缩小树冠，为永久株让出空间，一般要去掉一半的主枝。对于留下的主枝，除了大侧枝和大旺枝疏掉之外，其它枝条一律不动，让它挂果，具体要求与前文相似。由于纺锤形树一般树体较小，有的还用了矮化砧木，树冠扩展慢，对临时株的处理要根据实际情况逐年进行，不要操之过急，间伐的时间要根据实际情况确定（图5-13）。临时

图5-13 改形后第4年三角形间伐

株的结果枝尽量保留，也可采用强拉枝、环割、环剥等手法，促成花芽形成，并多留果，增加产量。

（4）纺锤树形改造后当年和第2年的修剪要点

纺锤形苹果树的开心树形改造，当年疏大枝的力度要大，主要对主枝和大侧枝进行处理，具体疏枝数量要根据树龄和长势进行综合考虑（图5-14～图5-16）。大树刚改造时，对主枝上各类枝组的修剪力度要小，主要处理背上徒长枝和竞争枝，其它枝条尽量不

动。改造当年如对小的枝组也按照正常要求进行修剪，就会造成冒条多、成花少、结果不稳定等问题。如果再进行夏剪，又会削弱树势。所以，切记改造当年一定要多动大枝，少动小枝。

图5-14 10年生乔化大树开心树形改造当年修剪情况

图5-15 12年生乔化大树开心树形改造当年修剪情况

图5-16 15年生乔化大树开心树形改造当年修剪情况

改造后当年，由于营养集中，一般树势返旺，冒条多，切记不可过度夏剪，改形后冒条多是正常且有益的现象。当树势较弱时，不需要夏剪；当树势中庸时，夏剪只去掉主干萌蘖枝和背上徒长枝；当树势过旺时，除萌蘖枝和徒长枝外还可以疏掉部分主枝两侧过密的徒长枝。保留足够的新梢是维持健壮树势的关键，主枝两侧的新梢，尤其是30厘米以上的新梢是将来培养结果枝组的关键。

开心树形改造后第2年，主要是在第1年的基础上进行适当调整，去大枝的力度要小，不可过度修剪，但对临时株要根据空间大小继续缩减。在主枝还没有长到足够大时，要保持一定的大枝数，以维持果树的产量和树势。改造后第2年，枝组的调整是重点，主要是去掉交叉枝、细弱枝、过密枝等，以加大枝组间的距离，将小的枝组逐渐培养成大的枝组。注意保留两侧新生的长枝以培养新的结果枝组，一般要求生长健壮，在主枝两侧上下30°，长度在50~90厘米最好。

🍎 3. 永久性大主枝的处理

我国纺锤形树主枝在幼树时一般采用单轴延伸，一条龙结果，在改形的头几年主要处理背上枝和大的侧生枝，严格控制从属关系，一般枝组的枝轴粗度不能超过主枝的1/3。刚改形时尽量多保留小枝，特别是两侧出的1年长枝要尽量保留，连续甩放3年就可培养成1个小的结果枝组，只有培养出足够多的3年枝才能保证果园稳产、高产。改形4~5年以后，主枝量少了，侧枝和结果枝组多，这时再继续改形，在处理主枝的同时，更要侧重对主枝上结果枝组的培养。

改形后处理侧生枝和结果枝时，主要有两方面要注意。

一是背上的大旺枝要及时疏掉。主枝背上和侧枝背上的枝条加粗快，成花难，还容易造成树体结构紊乱，背上的直立枝多时，可在春起萌芽时就除掉。

二是将结果枝组适当疏除，加大枝组间的距离，把小枝组培养成大枝组。一般3～4年枝组相距30厘米，5～6年生枝组间距50～60厘米，9～10年生枝组间距100～120厘米（如图5-17）。枝组处理主要针对以下几类枝进行。①枝头竞争枝：枝头竞争枝的存在会扰乱树体结构，要早去掉，枝粗比例最好不超过1/3；②背下枝：背下枝光照差，果个小，品质

图5-17 开心树形改造后结果枝组在主枝上的排列

差，要尽早处理；③细弱枝：细弱枝竞争养分水分的能力差，结果也不好，要早去掉；④内向枝、逆向枝、交叉枝：这类枝条相互遮阴，要及时去掉；⑤轮生枝：轮生枝的存在不利于主枝的培养，要早去掉；⑥并行枝：并行枝互相影响，不利于立体结果体系的培养，要及早处理。

4. 结果枝组的培养

结构合理的大形结果枝组，是树体优质丰产的基础，大改形和开心树形的培养始终都是为了给结果枝组提供一个好的骨架。结果枝组的处理与前文相似。

5. 小冠疏层形的改造方法

我国有相当一部分的果园采用小冠疏层形，其中山东的胶东地区最为集中，这些果园大都分布在土壤较为瘠薄的丘陵地区，在胶东地区的实际应用中往往采用2米×3米的间距，大部分采用乔化砧木，也用部分矮化砧木。这些果园也存在严重的光照郁闭问题。对于刚进入盛果期的幼树，或上层枝较大、能够培养利用的树，最好逐步提干，改为高干开心形（乔砧树）。而对于绝大部分10年生

以后的、已经定形的小冠疏层形苹果树，由于树势衰弱，下大上小，中干又弱，不能再进行开心形的树形改造，如提干、落头、去大枝等都不能做，只能通过缩冠间伐（图5-18）、整枝（图5-19）等措施充分利用现有的树形，改善光照，提高品质。有很多地方当枝叶交叉时就对所有主枝回缩，结果造成冒条严重，树体结构紊乱，光照更加恶化。也有的地方把中上层主枝全部去掉，没有提高树干，也不是解决问题的好方法。主要改造措施如下：

图5-18　小冠疏层形密植园间伐

图5-19　去掉大侧枝

图5-20　结果枝组在
主枝上的排列

① 缩冠间伐　对于2米×3米的乔化密植果园必须间伐，采用三角形法确定永久株和临时株，一般先用2～3年的时间将密度改为3米×4米，再用5～7年的时间改为4米×6米。丘地区土层较浅，土壤瘠薄，树冠不宜过大，4米×6米的密度就可以了。

② 整枝　现有的小冠疏层形普遍存在枝量过大，光照郁闭等问题，需要通过对主枝上的枝条进行梳理，减少枝量，改善光照（图5-20）。主要措施有：逐步减少大侧枝的数量，如大侧枝过多（图5-19），并且都集中在基部三大主枝上，在2米多

的半径内集中了8～9个大的骨干枝，这是造成下层光照恶化的主要原因，并且大大减少了结果枝组的生长空间；去掉主干上的辅养枝和主枝上的内膛枝，改善内部光照；梳理主枝上的结果枝，去掉背上枝、背下枝、交叉枝、逆向枝、并行枝、轮生枝等，增加枝组间距离，改善光照，每亩留枝量5万～7万根就够了（图5-21，图5-22）。

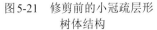

图5-21 修剪前的小冠疏层形　　　图5-22 修剪后的小冠疏层形
　　　　树体结构　　　　　　　　　　　　树体结构

③ 抬高下层主枝高度　通过用棍子支撑的方法抬高下层主枝的角度（30°左右），增大下层结果空间，扩大树冠。

④ 控制上层树冠　上部主枝不留侧枝，单轴延伸，去强留弱，培养小的结果枝组结果（当然如果上部的主枝能培养成大枝，还是提干培养开心形为好）。

⑤ 不断更新复壮结果枝组　小冠疏层形下层主枝过矮，不能培养大型的下垂结果枝组，只能培养中小型结果枝组结果，利用疏剪小枝和回缩的方法复壮，并充分利用预备枝更新枝组。

⑥ 搞好配套措施　改良土壤，施肥以有机肥为主，完熟采收等配套措施的应用是提高品质增加效益的保证。

6. 其它乔化密植果园的改造方法

（1）山坡地树形改造的方法

在我国有相当一部分苹果园分布在坡地上，坡地果园一般立地条件差，土壤瘠薄，浇不上水，树势生长比较缓和，通风透光比较好，病虫害少，果实品质高。山坡地如果采用纺锤形或疏散分层形进行乔化密植管理，进入盛果期以后也会出现光照郁闭现象，也需要进行树形改造，改造目标也是开心树形，是有4～5个大枝的矮干开心形（当然能提干更好）。

在对山坡地果园进行树形改造时要根据坡向选留大枝的方向和位置，一般第一永久性主枝朝下坡方向，干高要矮（一般40～60厘米即可，不必讲究提干），第2～3永久主枝沿等高线分布，最高的永久性主枝朝向上坡方向（如果山坡较陡，上下主枝的间距要大一些）。各主枝上下交错形成一个立体的开心树形，在主枝上培养大中小型搭配的结果枝组（图5-23）。

(a) 改造前14年生纺锤树形　　　　　　　　(b) 第1年大改形

(c) 第2年大改形　　　　　　　　　　　(d) 第3年大改形

图5-23　山坡纺锤形苹果树修剪前后的树体结构

在改形时首先按照上述要求选留好永久性主枝，然后逐年落头，疏除过密的主枝，培养结果枝组。不强求提干，将来也不要培养亚主枝。主枝上各类枝组的处理方法与前文类似。

（2）短枝型品种修剪要点

短枝型品种（如短枝红星、短枝富士）最大的问题是结果几年后树势衰弱，枝条长不出来，形成一系列的鸡爪枝。修剪时对鸡爪枝要疏剪，留2～3个芽子饱满的侧生枝就可以了；疏掉背上枝和背下枝，疏掉无芽的废枝，节约养分；同时对枝头和枝组延长枝要适当短截，以促进枝条伸长（图5-24）。对于过短过密的大枝也要适当疏除，内膛枝要清理干净，以解决内膛光照，但不以改形为目的，主要通过整枝恢复树势，解决光照。

(a) 短枝富士改造前树形

(b) 去掉过密的大主枝

(c) 去掉过大的大侧枝

(d) 短枝富士改造后树形

图5-24　短枝型苹果树修剪整形修剪方法

对于短枝红星老果树一般采用纺锤形、小冠分层形或疏散分层形。短枝红星难以培养大型结果枝组，所以主枝数留得比长枝多些，只要不影响光照大枝就不必去掉。对于小枝的修剪和短枝型相似，疏掉背上枝和背下枝，疏掉无芽的废枝，对侧生枝进行适当疏剪，树势过弱时也可对主枝和枝组延长头适当短截，亩留枝量4万～5万左右。

短枝型品种进行修剪时不仅要动锯处理大枝，更要多动剪子处理小枝，通过疏除小枝也可以起到疏花的作用，节约养分，复壮树势。

（3）幼树和初果期树改造时的注意事项

对于不到7年生的幼树不能强行采取间伐、提干、落头、去大枝等措施进行开心形改造（图5-25），幼树主要让它尽快扩大树冠，根系得到充分生长，为将来结果打下基础。如果也用大树的标准去改造，只会削弱树势，减少结果年限，降低早期产量。应该按照开心形的幼树培养过程去培养，具体过程如第三章所述。

对于7～10年生的刚进入盛果期的树，改造与大树略有不同（图5-26）。由于上小下大，提干要缓，只将过低或完全不见光的主枝去掉；落头要快，2～3年到位，但要注意保留小树头；疏大枝要慢，主要用向外赶的办法处理临时性主枝。大树改造时第1年的力度最大，一般去1/3的大枝；而幼树改造后前3年主要去临时性主枝上的侧生枝，4～5年以后上部主枝已经长大，下部临时性主枝结果部位也已经往外移，这时可加大改造力度，到12年生时保留5～7个大枝，15年生时保留4～5个大枝，初步改造为延迟开心形，以后的改造方法与前文相似。

图5-25　强迫改造的幼龄果园　　　图5-26　8年生纺锤形苹果园改形后
　　　　　　　　　　　　　　　　　　　　　　第1年树体结构

🍎 7. 开心树形改造步骤

在对大树改形之前要组织相关的技术人员和当地果农对果园进行会诊，根据改形的技术要领和当地的实际情况（如树龄、树势、上壤、气候等）来确定具体的改形方案。需要调查的基本情况有：市场需求，生产目标，最近几年的施肥、浇水、生长和结果情况，品种和砧木，树龄和结果时间，果园的倾斜度和坡向，株行距和两树的间隔距离，大枝数，枝量，干高和树高等。

图5-27　清理内膛

改形时首先确定好临时株和永久株，然后清理内膛，把主干和离主干50厘米内（树冠小时为30厘米）的小枝全部去掉（图5-27）；内膛清理干净后就开始改形，主要是落头、提干、疏大枝；最后再处理主枝上的枝组（图5-28）。在对一棵树改形之前要围绕树体转几圈，根据

(a) 改造前树体结构

(b) 提干——逐年去掉下层主枝

(c) 落头——降低树冠高度

(d) 疏掉大侧枝

图5-28

(e) 疏掉过密的大主枝

(f) 疏掉主枝上的竞争枝、交叉枝等

(g) 改造后的树形结构

(h) 及时涂抹伤口愈合剂

图5-28　传统大冠苹果树开心形改造过程

逐步落头

落头过快

图5-29　不同的落头方式

各个大枝的分布和与周围树的关系，确定好哪些是预备性永久主枝，哪些是临时性主枝，哪些是需要马上去掉的，哪些是将来去掉的。在对一个主枝修剪时，先要站在枝头进行观察，看主枝上的枝组分布是否合理，找出对主枝生长影响最严重的先去掉，剩下的要在主枝两侧交错分布呈等腰三角形，同时各枝组上下错开，要有足够的厚度。对枝组修剪时也要让着生的小枝互相错开，不能交叉，对于大的枝组还要特别注意培养预备枝。当树势强时要多留条，树势弱时要适当回缩，恢复树势。枝组和骨干枝的夹角60°～80°最好，过小、过大均不利。

改形的最初几年主要是动大主枝、大侧枝、背上的大旺枝，其它的小枝尽量不动，甩放成花。改造3～5年后就要重点培养结果枝组，将小的、弱的小枝组逐步去掉，培养大中型的结果枝组结果。修剪时上部主枝的背上要适当留一些中庸的枝条（或强枝重剪）来挡光，防止日烧。落头时要注意留活桩，防止腐烂病的侵染，最好的方式是先把树头做小，然后再逐年落头（图5-29）。当枝组过长或过弱时就要通过疏剪、修剪上抬或逐步用预备枝替换等方法来复壮。

8. 开心树形改造注意事项

（1）大胆减少主枝数量

开心树形改造主要通过减少主枝数量来实现，如果不敢动或舍不得动大枝，就永远培养不出来目标树形，树大时最好用油锯去除大枝（图5-30）。我们在全国各地的改造都表明，动大枝并不会减产。实际上，由于光照增加，养分集中，一般都会带来增产增收的良好效果。

图5-30 幼树整形方法　　　　图5-31 间伐掉临时株

（2）一定要改变密度

乔化果树天性就是长大树，开心树形是适合苹果天性的一种大冠树形，在日本一般按照7米×7米定植；我们国家在水肥条件好的地区改造最后需要6米×8米的密度，在山区或黄土高原地区也需要6米×4米的株行距。所以，改形几年后当永久株的主枝交叉时，就要去掉临时株（图5-31），而且改形到位后，对果园密度和大主枝数量还需要进一步调整。

（3）改形要因地制宜，逐年进行

开心树形改造要大胆，但是改造是逐年进行的，提干、落头和疏大枝都需要分年实施，切不可操之过急，一般需要10年的时间才能将树形改造到位。去大枝过多、过快，不但会影响果园产量效益，而且会严重削弱树势，容易感染腐烂病和缩短结果年限。这主要是因为地下的根系和地上的树冠相对应，如主根营养主要由树头提供，东侧的主根营养由东侧的主枝提供，当一次性的将树头或东侧的主枝去掉，那么相应的根系就会得不到足够营养而萎缩，进而造成树势衰弱。在实际生产中，每棵树的长势有强弱，长相差异，和周围树的关系也不一样，要根据具体情况采用不同的做法，切忌千篇一律简单处置。要按部就班地逐步进行，不能一刀切或一步到位。开心树形改造的目标是：主枝少而开，上下不重叠，左右不交叉，地面见斑阳，苹果树的所有生长部位都能处于优良的通风透光环境中。

（4）幼树和大枝少的树不能强制改形

开心树形改造技术是对7年生以上的乔化密植果园进行的，对于幼树、矮化砧木、短枝品种和小冠疏层形等都不能盲目照搬（图5-32）。另外，改形的时间在落叶之后到芽子萌动之前都可以，冬季枝干含水量少时，整形修剪对树势的影响最小，绝不能在生长季进行大改形。对于5～7年左右的苹果树主要采用逐年落头、疏除过密主枝、疏除大侧枝和竞争枝等方法培养树形（图5-33），促进其尽快进入盛果期，而不是对树形进行强迫改变。

图5-32 对幼树强迫改形削弱树势

图5-33　幼树整形方法

（5）彻底摒弃错误修剪方法

我国过去苹果修剪经常使用短截和回缩的手法，而对于富士苹果等长枝品种来说，短截和回缩会刺激冒条（图5-34，图5-35），不利于花芽形成。所以苹果修剪要废除惯用的打头、短截、戴帽和回缩等重修剪方法，改用甩放的轻修剪方法。通过连年甩放就可以大量培养出3年生的结果枝，进而再培养出4~5年生的结果母枝，再让它们逐渐形成排列有序、合理数目的结果枝组。注意：结果母枝及其延长头衰弱以后也要适当更新，使结果枝组长期保持好的结果性能和稳定的数量。

图5-34　短截造成冒条多　　　　图5-35　主枝回缩扰乱树势

（6）不可过度夏剪

对新梢进行适当疏除可以改善树冠光照，促进成花，但在生产中经常会出现夏剪过重现象，严重削弱树势。果树根系营养主要由新梢特别是大于30厘米的新梢提供，如果疏除过多，根系得到的营养减少，生长发育和吸收矿质元素的能力减弱，同时秋后回流树体的营养也相应减少，第二年生长发育和开花结果都会受到抑制。对于中庸树势的苹果树，夏剪时主要去掉主干萌蘖枝和过旺的背上徒长枝；旺树夏剪量可适当增加，但不可过度，树势过旺时还需要通过肥水等综合控制；弱树不能进行夏剪，以复壮树势。

（7）重视枝组的培养与更新

培养合理树形、选留适当主枝的主要目的就是为大型结果枝组着生提供骨架，因此在开心树形改造过程中要不断将小的枝组培养成大的枝组（图5-36）。大枝组要求生长健壮，在主枝轴两侧上下30º范围内发生，以斜向上生长为主，与主枝夹角在60°～80°为宜。当结果枝组下垂衰弱以后还需要及时更新。

（8）做好伤口保护是关键

做好伤口保护是开心树形改造的前提和关键，大枝疏除后要马上涂抹伤口保护剂，防止腐烂病的发生。老果园一般树势较弱，改造时由于去大枝又会造成很多伤口，这就会给腐烂病菌侵染提供有利条件，如不对伤口进行保护，改型后果树就会染上腐烂病，使改形成果毁于一旦，因此说伤口保护是树形改造成败的关键。使用愈合剂是保护伤口最好的方法，愈合剂应该在修剪后立即使用（图5-37）。

图5-36 改造后5年大型结果枝组结果状况

(a) 未涂愈合剂保护　　　　　　　(b) 涂愈合剂伤口

图5-37　伤口涂抹愈合剂后的愈合效果

（9）注意保护根系

苹果树的地上和地下部分生长有对应关系。树头生长对应着主根头生长，大主枝生长对应相应方向大侧根生长，就是说去掉一个大主枝就会造成一个大侧根萎缩，去掉主树头就会使主根生长受抑制。所以，去掉大主枝和主干树头的作业既要大胆，但也不能操之过急，要分2～4年逐步进行，以利于根系营养供应部位转移。否则会因为大伤元气而造成树体早衰。

9. 全国各地开心树形改造效果

开心树形是乔化大树实现优质丰产的最佳树形，在日本有80%以上的苹果树采用开心树形。由于我国西北和华北等苹果主产区冬季干冷、土壤瘠薄，不利于矮化苹果树生长，绝大部分苹果也是采用乔化砧木，这些乔化大树都可以改造为开心树形。我们已在北京、陕西、甘肃、山西、河北和新疆等地进行了大面积的推广应用（图5-38），取得显著效果，深受广大果农欢迎（图5-39）。

(a) 在新疆喀什市指导开心形改造

(b) 在甘肃天水指导开心形改造

(c) 在山东牟平进行修剪技术示范

(d) 在延安宝塔区指导苹果大改形

(e) 在甘肃灵台举办培训班

(f) 在山西运城举办培训班

图5-38　专家组在全国进行技术指导

(a) 北京昌平改造3年后结果状况

(b) 北京昌平改造5年后结果状况

(c) 新疆阿克苏改造后结果状况

(d) 山西运城改造后结果状况

(e) 河北西柏坡改造后结果状况

(f) 甘肃庆阳市改造后结果状况

图 5-39　我国部分地区苹果开心树形改造后效果

第六章 开心树形改造后的整形修剪技术

　　开心树形改造不能一蹴而就，需要根据实际生长情况不断调整。一般来讲，对于纺锤形或分层形大树需要3～4年的时间将10多个大枝减少到5～7个（第一年去得最多），再用3～4年的时间减少到4个，然后再用3～5年的时间减少到3个，大约需要10年的时间完成开心树形改造工作（图6-1）。在改形过程中，刚开始主要是不断减少主枝数量，少动小枝；改形3年后要不断将主枝上的小枝组培养成大枝组，并且注意培养预备枝；改形5后主要进行大型结果枝组的培养和更新。在整个改造过程中都要注意维持健壮的树势、合理的枝量（冬剪后亩枝量5万～7万）、充足的光照和合理的负载。

(a) 未改造14年生分层形大树　　　　　　(b) 改造后第1年树形

(c) 改造后第2年树形

(d) 改造后第3年树形

(e) 改造后第4年树形

(f) 改造后第5年树形

(g) 改造后第6年树形

(h) 改造后第7年树形

图6-1　开心树形改造后不同年份苹果的树体结构

1. 树形改造是一种动态的培养过程

在进行苹果种植前一定要确定一个合理的目标树形，并从始至

图6-2 三主枝开心形苹果树冠

终围绕着目标树形培养。随着时间的延续，主枝和枝组不断增大，这就需要不断地调整树体结构，既不能一成不变，也不能操之过急。种植密度由密到稀，大枝数从多到少，最后变成2～4个（提倡3个永久性主枝开心树形，如图6-2）。结果枝组从小到大，开始在临时性主枝和永久性主枝上，最后全部集中到永久性主枝上，自始至终都维持着一种合理的结构参数。树高控制在4米左右，叶幕厚度3～3.5米，地下光斑占30%左右，富士、国光、红玉、王林等冬剪后所留亩枝量为5万～7万，元帅、乔纳金、陆奥等为5万左右；富士、国光、王林等结果母枝量为1500条/亩左右，元帅、乔纳金等为1300条/亩左右。

2. 开心树形改造后3～4年的整形修剪要点

开心树形改造第1年主要去大枝、改树形（图6-3），第2年开始培养结果枝组。3～4年以后就基本形成了延迟开心树形（图6-4），永久株树冠已充分扩展，小的枝组也已长大。这时需要再进

(a) 改造前

(b) 改造后

图6-3 12年生自然纺锤形改造前后的树体结构

(a) 开花状况   (b) 结果状况

图6-4　12年生纺锤树形改造3年后的开花和结果情况

行一次大的调整，主要工作有三点：一是进一步缩小临时株树冠（图6-5），争取1～2年内去掉；二是在永久株上确定永久性大主枝（可涂漆做标记），并继续落头、提干和疏枝（图6-6）；三是培养大的结果枝组。

　　一般而言，大改形3年后临时株只留2～3个主枝就够了（图6-5），而且也只用1～2年，改形后第5～7年就完全可以把临时株去掉。在山区或黄土高原地区水肥条件差，如果将3米×4米的苹果树培养成6米×8米的开心树形可能比较困难，选留3～4个永久性主枝（不培养大的亚主枝）培养成4米×6米的开心树形比较容易实现。平原地区的乔化苹果树建议最终培养成3个主枝的开心树形，株行距6米×8米。在这个时期确定永久株上的永久性大主枝非常关键，一般在主干1.5～2米的位置先确定4个主枝当作预备永久性主枝培养，要求生长健壮、交错排列，再过几年从这4个主枝中选留3个永久性主枝。这一时期树形调整的要点主要是继续提干、落头和疏大枝，如图6-6所示。

图6-5　改造3年后的临时株

(a) 继续提干

(b) 继续落头

(c) 去掉临时性大主枝

(d) 临时性主枝结果部位外移

图6-6 开心树形改造后第3年树形调整要点

改造3～4年后，修剪的另一个重点就是对结果枝和结果母枝的排列进行梳理，去掉过多过密的枝条，使其上下左右排列有序。培养树形、确定主枝的目的都是为培养大型结果枝组做准备，所以改造3年以后要特别注意培养大型结果枝组。一般大型结果枝组要从主枝两侧着生的健壮枝条甩放而来，主要通过健壮新梢选留、逐年去掉过密中小型枝组等手段培养。改形3年后就可以在永久性主枝上每隔50厘米左右留一个结果枝组，在主枝两侧交错排列，逐步培养成大型结果枝组。继续去除过大、过强和过粗的竞争枝，去掉背下枝，清理生长方向不对的枝条，去除妨碍永久性大主枝生长的其他枝条（图6-7）。

(a) 去掉竞争枝

(b) 去掉背下枝

(c) 去掉逆向枝

(d) 去掉交叉枝

(e) 去并行枝

(f) 去掉轮生枝

图6-7 结果枝组的主要处理手法

3. 开心树形改造后5～7年的整形修剪要点

大改形5年以后永久株树冠已充分扩展，小的枝组也已长大，这时需要再进行一次大的调整，主要的工作有三点：一是进一步缩小临时株树冠，争取尽快去掉；二是把临时性主枝进行缩小，并尽早去掉（图6-8）；三是在永久性主枝上培养出大的结果枝组。

　　一般而言大改形第5～7年时就完全可以把临时株去掉，缩小临时株的树冠是下一步培养开心树形的前提（图6-9）。第6～7年时永久株一般保留4～5个大枝，对临时性主枝及时去除（图6-8）；第8～9年时选留4个，然后再用3～4年的时间调整成3个，初步形成开心树形（图6-10）。

(a) 疏除大的结果枝组　　　　　　　　　(b) 疏除影响严重的临时枝

图6-8　上层临时性主枝处理手法

图6-9　开心树形改造中　　　　　　图6-10　开心树形改造完成后
　　不断缩小临时株　　　　　　　　　的苹果树体结构

　　这期间还要把大的结果枝组配备好，增加主枝上枝组的间距，去掉大的徒长枝、大侧枝、竞争枝、背下枝、并生枝、背上枝和逆向枝等（图6-11），并注意保留结果枝组上的预备枝，以备将来更新结果枝组用。改形5～7年后主枝上的枝组已经长大，如不处理又会出现光照郁闭现象，这个时期的改造重点就是结果枝组的培养，一定要对大的结果枝组进行疏剪，一般冬剪后亩枝量留5

万～7万就够了。改形5年后主要依靠主枝上大中型结果枝组结果（图6-12），小的结果枝组不断疏掉，大的结果枝组要求枝条粗壮，间距要大，枝组上的小枝要交错排列，以充分利用光照。

图6-11　大树开心形改造后第5～7年对主枝的修剪

图6-12　大树开心形改造5年后结果情况

4. 开心树形改造后7～10年的整形修剪要点

大改形7、8年以后，已经完全变成4个主枝开心树形，3米×4米定植的果园临时株应已间伐完，果园密度应改为4米×6米。这时整形难度已经不大，主要按照开心树形的要求去做：一方面根据果园大枝分布要求将4个主枝逐渐调整成3个主枝（图6-13），要求果园内主枝均匀分布，不交叉；另一方面对大型结果枝组进行更新复壮，利用大的结果枝组结果，切记不可在主枝上留竞争枝（图6-14）。

图6-13　三主枝开心形树体结构和大型结果枝组分布

对于水肥条件好的平地果园需要再进行一次间伐，将4米×6米的密度用8～10年的时间变成6米×8米。这次间伐和原来间伐方法基本一致，同样需要按照三角形间伐逐年进行，临时株缩冠间伐的时间会更长，且有的临时株可能因果园空间的需要而长期保留1～2个永久性主枝（图6-15）。

图6-14　不留竞争枝结果　　　图6-15　利用临时株上的永久主枝结果

5. 开心树形改造完成后的整形修剪要点

开心树形改造10年以后整形修剪的主要任务就是不断对大型结果枝组修剪，疏剪交叉枝、细弱枝、徒长枝等以促进结果枝更好结果，同时对过长或过弱的下垂枝组进行回缩上台，以复壮枝组。另外，注意培养新的大型结果枝组，对老枝组进行更新。改形10年后，主枝头一般不再向前延伸，变成了一个大型的下垂结果枝组，这时对主枝头按照大型枝组的修剪方法进行处理，还要注意保护预备枝，更新主枝头（图6-16）。当树头部位主干粗度小于最上面主枝粗度的1/3时才可以去掉小树头，这时对整个树势的影响已经很小。不过小树头也可以长期保留以利养树，但树头每年都要在冬剪时处理，不让它长大（图6-17）。

图6-16　主干萌发的预备枝更新主枝头　　图6-17　小树头冬剪方法

改造10年以后就形成了开心树形（图6-18），以后主枝还会继续扩大，互相之间也会交叉，还要根据实际情况进行有计划的调整（图6-19），以维持整个果园的通风透光条件。有的树可能留4个大

图6-18　开心树形改造10年后的苹果园

主枝，也可能只留1个，或间伐掉等，各大枝在园中要交错排列，以达到既能有效利用空间又能获得充足光照的目的。另外，主枝也可以利用预备枝进行更新，不过主枝更新周期比较长，而且培养预备枝的难度较大，要长期悉心培养（图6-20）。

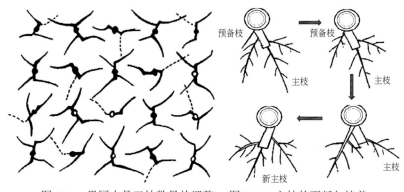

图6-19 果园内骨干枝数量的调整　图6-20 主枝的更新与培养

6. 结果枝组修剪要点

设计开心树形，确定合理主枝数量和分布的主要目的就是在主枝上着生大型的结果枝组，理想的开心树形及其枝组分布如图6-21所示。苹果枝条连续甩放3年就能成花结果，成为结果枝，继续生长就成为结果母枝，结果枝组修剪基本的方法就是不剪，连续甩放。在结果枝组形成以后，要注意通过疏剪将小的结果枝组逐步培养成大的结果枝组。一般以主枝两侧斜向上生长的枝组为主，向内反向生长的枝条会破坏树体结构，要及时去掉；左右并排平行生长的平行枝和上下重叠生长的重叠枝，由于相互遮阴，要去掉一个留一个。另外，还要注意枝组和主枝的开张角度，开张角度越小，枝条长势越强，结果性状越差，开张角度60°～80°的枝条结果性状最好。对于开张角度小于45°的枝条，一般都不留。枝组修剪完成后，所有枝条都应顺着主枝的方向延伸，整体呈等腰三角形（图6-22），小枝互相之间不交叉，5～6年生枝组间距50～60厘米，7～8年生枝组间距70～80厘米左右。

图6-21　三主枝开心形苹果树结果情况和枝组分布（盐岐雄之辅提供）

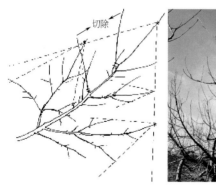

图6-22　主枝上枝组分布示意图　　　图6-23　主枝上枝组分布示意图

　　枝组的修剪每年都要进行，开心树形改造后2～4年内主要是不断增加枝组间距，将以大中小型枝组结果情况逐年变成以大型结果枝组结果为主，同时注意在主枝两侧选留新枝，更新老的枝组。改形后5～7年，主要利用主枝两侧大中型的结果枝组结果（图6-23），并且完成部分老枝组的更新。枝组修剪时切忌枝组过粗、过大、过旺，这类枝竞争养分能力太强，严重影响其它枝组生长，应尽早去掉（图6-24）。粗度超过主枝1/3的枝组要及时去掉，过大的竞争枝要及时去掉，不留徒长枝当枝组培养。枝组修剪时要做到上下不重叠，左右不交叉，比例不失调。

图6-24　主枝修剪时要及时去掉大侧枝和竞争枝

当树形初步改造到位后，大型结果枝组的修剪就成了苹果修剪的主要内容，主要进行三个方面的处理：合理疏剪，复壮枝组，改善枝组光照，促进成花和结果［图6-25（a）］；适当回缩上台，复壮枝组［图6-25（b）］；枝组部分更新，复壮枝组。枝组疏剪主要是疏掉枝组背上枝［图6-25（c）］、背下枝［图6-25（d）］、细弱枝、交叉枝和徒长枝，通过疏剪可以节约养分，促进果实膨大和花芽形成。一般来说，枝组以短果枝结果为主，但10～12厘米的中果枝结果性状也较好，要注意多留。回缩上台主要针对长势弱的下垂枝进行，回缩一定不能过大，以免刺激枝组过旺，影响翌年花芽形成。当枝组下垂后，枝组背上会萌发新梢，在冬剪时如果枝组较弱或空间大就把中庸枝留下，2年后就会形成新的结果枝组。开心树形改造10年后结果枝组的分布如图6-26所示。

(a) 枝组疏剪　　　　　　　　　　　　(b) 弱枝回缩

(c) 去掉背上枝　　　　　　　　　　　(d) 去掉背下枝

图6-25　结果枝组的修建手法

图6-26　开心树形改造后大中型结果枝组分布

7. 结果枝组更新方法

苹果枝组下垂以后虽然成花容易了，但长势变弱，需要及时更新，中型枝组一般4～5年更新一次，大型枝组一般7年左右更新一次。苹果开心树形以大型枝组结果为主，更新方法主要有两种：一是利用主枝萌发的健壮新枝更新结果枝组；二是利用下垂枝组基部萌发的健壮新枝更新。对于主枝萌发的枝条，要求生长健壮、在主枝两侧发生、周围有足够的结果空间（图6-27）；对于枝组基部的新枝，要求生长健壮、斜向上生长（图6-28）。

图6-27　利用主枝上萌发的新枝培养新的结果枝组

图6-28　利用枝组基部上萌发的新枝培养新的结果枝组

在枝组更新时常见的问题是主枝上竞争枝、徒长枝或大侧枝过大过强，影响正常结果枝的生长和更新，所以这类枝要及时去掉（图6-29，图6-30）。去掉后主枝周围就会萌发新梢，主枝两侧的新梢不要夏剪，冬季时把生长健壮和位置好的新枝留下培养，很快就会形成一个新的结果枝组，5～6年后就成了大型的结果枝组。另外，枝组下垂后其基部也会萌发新的背上枝（一般要求离主枝轴不超过20厘米），选择健壮的背上枝作为枝组预备枝培养，3年后就会长成一个新的结果枝组。在对大型下垂枝组，更新前一般要对预备枝周围的枝条适当疏除（图6-31），以利于新的结果枝组形成，这和处理临时性主枝来培养永久性主枝的道理一致。通过枝组更新就能实现开心形苹果树长期稳定结果（图6-32），一般苹果树结果年限可达60年以上。

图6-29　去掉主枝上竞争枝

图6-30　去掉主枝背上徒长枝

图6-31　疏除老枝组上的部分枝条，为预备枝腾出空间

图6-32　开心树形改造后苹果树结果情况

第七章　苹果生产配套技术

采用合理的树形和整形修剪技术是苹果优质丰产的前提，但是还需要全面落实优质丰产的综合配套技术才能达到优质丰产的目的，包括土肥水管理、花果管理和病虫害的综合防治等技术。不同时期苹果的生长发育节律和生产管理作业内容如图7-1所示。

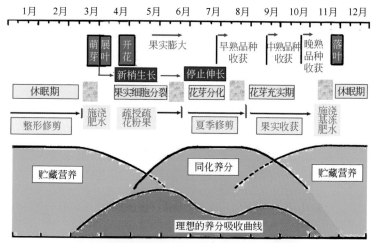

图7-1　苹果生长发育节律和生产管理作业环节

1. 土壤管理技术

（1）土壤管理的重要意义

土壤是人类赖以生存的物质基础，是人类健康的乐园。当土壤受到污染和伤害时也会污染和伤害农作物，进而使人受到伤害。

"病从口入"，我们只有先管好作物的口，才能管好自己的口。土壤就是果树的"口"，一切肥料、水分都是先进入土壤，后被果树吸收的。选择经过充分腐熟的有机肥料是保证果树健康、茁壮生长的前提。

土壤还是果树的"胃"，一切肥料都要经过它的消化、分解，最后才能被果树根系吸收。蚯蚓、蝼蛄等土壤小动物是农民的好朋友，它们把大块的肥料分成小块，从土壤上层运到下层，并进行初步消化，形成富含养分且易于利用的小颗粒，分散在土壤中。它们就是"胃"的动力，所以要好好爱护它们，最关键的是不能总给它们吃化肥。胃的消化靠的是各种酶，将养分分解为易于吸收的形式，土壤的"消化酶"都是微生物提供的。因此，土壤微生物的多少是土壤消化能力的标志，微生物的繁殖速度快，其数量主要取决于提供给它们食物的多少。土壤有机物如农家肥、植物秸秆等是微生物（和土壤小动物）的粮食，通过它们把这些有机物转变成有机质。

苹果对土壤的适应性较强，在多种土壤上都有栽培分布。但从苹果的自身需要和优质高产的要求看，以土体深厚、构型良好、"三相"比适当（土壤固、液、气相和有机质最佳比例如图7-2所示）、养分丰富、微酸至中性为宜。有机质是土壤肥力的标志，充足的有机质含量才会保证植物有充足的养分，提高土壤有机质含量是土壤管理和施肥的中心内容。土壤有机质不但可分解提供多种营养元素，而且对改良土壤的物理性状和促进根系发育具有重要作用，有机质与苹果产量呈直线相关，优质丰产苹果园有机质含量要在1.5%以上。在日本，苹果园的有机质含量本身很高，并且在生产中普遍采用生草栽培，因此其土壤有机质含量一般都在2%以上。我国

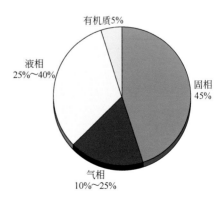

图7-2　最佳土壤三相组成比例

的土壤有机质普遍含量低，是制约苹果品质提高的关键因素之一。增加土壤有机质的主要方法有两种：果园生草和增施有机肥。

（2）果园生草

果园生草具有增加土壤有机质含量、减少水土流失、改善果园小气候等作用，此外，果园豆科牧草还可以增加土壤中的氮素含量，促进土壤微生物的繁殖，提高对矿物质元素的吸收利用，增强果树的抗性等。如果在生草的果园地面自由放养鸡群将可实现果园的立体生态栽培。有机质含量低、夏季高温是制约我国苹果品质进一步提高的主要限制因子，通过生草制可以显著改善这种状况。生草制是现代果园最好的土壤管理模式，除特别干旱的地区外，我国大部分苹果园都应该大力提倡。在干旱、半干旱地区不宜选用深根性的草种，可选用三叶草、黑麦等草种。

我国绝大部分果园都实行清耕制，认为果园越干净管理越好。更为可怕的是越来越多的果园利用除草剂清除杂草，除草剂虽然可以简便有效地清除杂草，但是除草剂不可能制造任何有机物，却会恶化土壤结构，杀死土壤微生物和蚯蚓等有益生物。除草剂被雨水淋溶到果树根系后会造成果树生长的生理障碍，降低果实品质，而且很多除草剂难以分解，用一次后会在土壤中残留很多年，对土壤和果树造成持续伤害。所以，目前应该尽快改变这种落后的观念，推广生草制度。采用乔化密植的果园，光照郁闭，地面根本不能见光，也不可能推广生草制，树形改造后为生草制提供了可能。

图7-3 自然生草的果园

果园生草可分为自然生草和人工生草两种。自然生草是指对果园长的杂草不锄，长到40～60厘米就刈割，这种方法生长量大，管理简单（图7-3）。自然生草既有深根性草种，也有潜根性草种，每年发生大量的新根，新根死后就成了土壤存水和通气的管道，还增加了土壤的有机物。一般自然生草每年能割草5～7次，每亩一次的生草量1.2吨左右，全年6～9吨。但是自然生草杂草多，也不如豆科牧草那样能为土壤提供大量的氮素营养。另外，自然生草还会滋生有害杂草，有的草根过深，在水肥条件差的地区会存在与树争水争肥的现象。

人工牧草常用的品种有白三叶、红三叶、紫花苜蓿、紫云叶、黑麦草、毛叶苕子、草木樨、黄豆等（图7-4）。但生草的生长需要阳光，乔化密植的果园由于光照恶化难以实行生草制，即使种了草也长不好，所以良好的树体结构是进行生草栽培的前提。在园边、路旁、沟堤和渠边，可选种草木樨、紫穗槐和田菁等。在低洼盐碱地区，应选田菁和柽麻耐盐植物等；山岗旱薄地，可选草木樨和紫穗槐等抗干旱瘠薄的植物。进行畜牧养殖的果园可用部分草喂养牲畜和家禽，实行"过腹回田"，既可获得畜产品，又加速养分的转化，更有利于果树吸收利用，一举多得。

(a) 白三叶

(b) 紫花苜蓿

图7-4 人工牧草的果园

平原地区种草一般选在早春和秋季，这时候野草还没有长出；西北干旱地区宜于春末、夏初和初秋，灌溉或降雨后土壤墒情好时在行间播种。条播时播种深度1.5厘米上下，行距25厘米左右。三叶草、小冠花亩用籽量0.5～0.7千克，毛苕子、黑麦草亩用籽量3～5千克，草木樨亩用籽量1～1.5千克。种草时，既可单一播种，也可混播。可采用黑麦草与三叶草混播，黑麦草与毛苕子混播等方式。

种草前要深翻、整地、清除杂草，长大后注意对生草施肥浇水。幼苗期及时清除杂草是生草能否成功的保证。当草长到30厘米以上、大部分开花时刈割覆盖树盘，刈割留茬高度5～10厘米，一年可刈割3～5次，每次刈割后借雨趁墒每亩撒施尿素5千克（有机果园要在夏季撒施腐熟好的有机肥300～500千克）。生草3～5年后，草开始老化，要及时翻压，重新播种。

苹果树是深根性植物，可从土壤不同区域吸收养分和水分，因此果园种草时也应综合考虑。果树与生草之间争夺水分和养分的矛盾，需要通过增施氮肥、酌情灌水和合理调节刈割次数来解决。在不耕作的果园条件下，果园地面自然生长的生草中豆科及具有固氮功能的草类较少，在果园长期不施肥（不施用化肥）而又要保持高产时养分循环（包括氮循环）是不够的，因此，通常采用三叶草、紫花苜蓿等豆科能固氮的绿肥以补充养分。三叶草属于浅根性绿肥，长期种植可在果园表面形成30～40厘米的黑土（有机质层），是改良浅层土壤的有效植被。对于中下层土壤来说，紫花苜蓿是有效的，它的根系可深达100～200厘米。因此，采用紫花苜蓿与三叶草混播的种草方式改良果园土壤，是果园土壤长期培肥的好办法。

（3）有机肥料制作

要想生产出高档苹果，每年都需要向果园施用大量的有机肥料，进行有机生产的果园更要完全依靠有机肥料来为树体提供营养。为了改良土壤，提高土壤的有机质含量，需要的肥料更多。通过大量增施有机肥料可迅速提高土壤有机质的含量，改良土壤，对于我国土壤肥力较低的苹果园特别适用。在提高土壤有机质含量后，果树树体会生长健壮，容易实现营养生长与生殖生长的平衡，实现年年稳产。同时果实品质，尤其是内在品质高，对病害，尤其是腐烂病、炭疽病、轮纹病等弱寄生性病害的抵抗力大大增强。

如果单纯依靠购买有机肥，往往成本太高，无法满足需要，因此制作有机肥是苹果园进行改土和施肥的前提。一般果园施用的有机肥就是各种农家肥，如鸡粪、牛粪、羊粪、自家的厩肥等，这样的肥料往往有机质含量低，没有充分发酵，容易产生一些生理障碍。购买的商用有机肥一般有机质高，还含有各种矿物质肥料和微量元素，但成本过高，难以大量应用。在生产中最好通过高温发酵的方法自己制作有机肥料。

自己制作有机肥料的方法很多，传统的方法有堆肥、沤肥、利用养分池发酵、利用沼气池发酵等方法，但是最好的方法是进行高温发酵（图7-5）。用高温发酵的方式自制

图7-5　高温发酵堆肥场

有机肥具有速度快、有机质含量高、能够杀死肥中的病虫害、能够将养分充分分解等优点。方法是将含大量碳素的植物原料如作物秸秆、野草、锯末、树枝、稻壳等和含有大量氮素的动物粪便如鸡粪、牛粪、羊粪、人粪尿等按1∶1的比例混合发酵。通过高温发酵的方法制作有机堆肥是有机农业与传统农业的显著区别，高温发酵可以促进养分的分解吸收，减少发酵过程中有毒气体造成的生理伤害，有利于杀死病虫卵。

具体步骤如下：①首先将各种原料的湿度调到60%；②在地面铺一层20厘米厚的锯末或粉碎的秸秆等（宽度为2.5～3米，长度不限）；③将碳源和氮源材料每层10厘米交替覆盖（每一层都撒一点堆肥用的微生物菌剂）；④一周后温度可升到60℃以上，翻倒1次，以后每周1次，其至少翻倒3～5次。夏天1个月，春天和秋天大概2个月就制成腐熟的有机肥料了。堆肥时要有防雨设施，最好盖堆肥车间（宽3米、高2米、长度不限，四周透气，上面有顶棚）。在堆肥时加入麦饭石、豆饼、麻渣、动物内脏、骨粉、鱼粉等，效果会更好，可以生产出完全替代化肥的高级有机肥。将水分控制在60%是堆肥成功的关键，没有菌剂时也可掺入5%～10%的土壤。另外，发酵时最好加入用于发酵的菌肥，再加入各种固氮菌、解磷菌、解钾菌，效果会更好。锯末虽然成本高，但是分解速度慢，是迅速提高土壤有机质最好的材料，利用时一定要注意将锯末充分发酵。

高温发酵肥是当前发展生态农业、生产绿色食品和有机食品的理想肥料。这种肥料优于化肥，通过添加各种营养元素完全能够替代化肥。它既有传统有机肥料的长效性，又具有生物肥料的活力性，改土作用、增产效果及提高作物品质都明显，不仅生产和使用中不污染环境，而且利用各种有机废弃物做原料，变废为宝，变害为利，净化环境，与环境协调发展，可使生态环境得到不断的改善，为农业可持续发展奠定有利基础，是当前肥料的发展方向。大规模生产高温发酵有机肥，需要有专门的车间、专业的器械、优良的菌种和大量的各种原料。发酵肥料使用时一般结合秋施基肥进行，施肥量要比正常施肥大。

🍎 2. 施肥技术

进行苹果园施肥首先要保证营养元素的均衡，要选择利于改良土壤和果树生长发育的肥料。这就要对土壤、果树进行诊断，确定肥料配方。有机肥养分全面，有利于改良土壤结构，所以施肥要以有机肥为主。如果在有机肥制作中根据土壤和果树调配元素搭配，并增加一些矿质肥料，也完全能做到养分均衡。施肥后还要做到及时浇水，保证果树正常生长。日本苹果园的施肥多数都是在农协的指导下进行，每年各地农协对当地的土壤状况和果树的生长状况进行系统的调查，然后制定出相应的施肥配方，并据此生产出相应的肥料推荐给生产者。肥料一般是有机肥料和无机肥料相混合而成的复合肥，在使用时都是采后一次性当作底肥施入果园。

（1）营养诊断

要想做到科学合理的施肥首先就要搞清楚苹果园缺乏什么营养元素，缺多少，这就要对土壤和果树进行营养诊断。营养诊断就是通过苹果树体分析、土壤分析及其它生理指标的测定，以及果树的外观形态观察等途径对植物营养状况进行客观的判断，从而指导正确施肥，做到平衡合理施肥，改进管理措施的一项技术。对果树进行营养诊断的途径有缺素的外观诊断、土壤分析、叶片分析法等。

图7-6　氮肥过多容易造成枝条旺长

① 缺素的外观诊断　外观诊断主要根据生产经验进行判断，简单易行，在生产中应用最广（表7-1）。从枝条的长势可判断氮肥施用量是否适当，一看枝条长度，在7～8月份站在果园中平视，如果春梢的长度多在30多厘米左右，说明氮的施肥量适当；如果是50～60厘米，可能是氮肥量过多了（图7-6）；过短说明可能氮肥不足。二看春梢枝头是否已停长，多数枝头已停长，说明施肥量合适；否则氮肥量过多。三看秋梢所占的百分比，30%以下的枝条出现秋梢，说明施肥量合适；超过30%则氮肥量过多。

表7-1　苹果缺素症状

元素	叶片	枝梢	果实	其它
氮	色淡，黄绿色～黄色；老叶黄化脱落，嫩叶小而红；叶柄、叶脉变红	短而粗，僵硬而木质化，皮呈红褐色	果小，早熟早上色，色暗淡不鲜艳	
磷	小而薄，暗绿色，叶柄、叶脉变紫；叶片有紫红色斑，叶缘有月形坏死斑	新梢基部叶先表现缺磷症	色泽不鲜艳，含糖量降低	花芽形成不良，抗逆性减弱
钾	色淡黄～青绿，边缘向内枯焦、皱缩卷曲，挂在树上不脱落	细弱，停长早，形成许多小花芽	果小、着色差，含糖量降低	老叶先表现
钙	叶小，有褪绿现象，嫩叶先表现，出现坏死斑，叶尖、叶缘向下卷曲	小枝枯死	不耐贮藏，水心病、苦痘病多	根停长早，强烈分生新根

续表

元素	叶片	枝梢	果实	其它
镁	叶薄色淡，叶脉间失绿黄化，叶基绿色，失绿由老叶延伸到嫩叶	枝细弱易弯，冬季可发生枯梢	果实不能正常成熟，果小，色差，无香味	
铁	嫩叶先变黄白色，仅叶脉为绿色的细网状，叶片上无斑点	生长受阻，树势衰弱	坐果少	花芽分化不良
锌	小叶片，新梢顶部轮生、簇生小而硬的叶片	中下部光秃	病枝花果少、小、畸形	
硼	叶变色、畸形	枯梢、簇叶、扫帚枝	缩果病，表面凹凸不平、干枯、开裂	受精不良，落花落果严重

　　根据植株的外观特征规律制成的缺素检索表如表7-1所示。如果苹果同时缺乏2种或2种以上营养元素时，或出现非营养元素缺乏症时，易于造成误诊，不易判断症状的根源。另外，有时发现缺素症时为时已晚，所以外观诊断在应用中还是存在明显不足。

　　② 土壤分析　从苹果园里挖取土样，经过适当处理和相应的分析，测定出各种无机盐营养元素、pH值、有机质含量和酸碱度等，进行分析，判断某种营养元素的多少，来决定施肥种类和数量。虽然采用土壤分析进行营养诊断会受到多种因素，如天气条件、土壤水分、通气状况、元素间的相互作用等影响，使得土壤分析难以直接准确地反映植株的养分供求状况。但是土壤分析可以为外观诊断及其它诊断方法提供一些提示和线索，找出缺素症的限制因子，印证营养诊断的结果。土壤分析是进行配方施肥的前提，特别是能够判断出土壤营养元素的多少，为确定施肥量提供依据，结合外观诊断就基本上可以确定如何施肥了。

　　③ 叶片营养诊断　苹果营养诊断最常用的方法是叶片分析法，8月份苹果树体内的养分比较稳定，此时采样能够比较准确地反映

出树体的营养元素状况。分析结果出来后要与标准叶样参比值进行比较，判断营养元素是否亏缺。另外，苹果叶片的营养分析还受遗传特性、生态条件及人工管理等多种因素的影响，所以对结果要进行综合分析和判断。

（2）需肥量的确定

苹果树在不同的生长发育阶段和不同的立地条件下对肥料的需求不同。一般而言，幼树对氮肥需求量大，进入结果期后对磷钾肥需求量增大，老果树特别是衰弱树要增加氮肥使用，以提高树势。在一年当中苹果对氮的需求分为三个时期，从萌芽到新梢加速生长为大量需氮期；从新梢生长后期到果实采收前为稳定需氮期；从果实采收后到落叶前为氮素贮备期。苹果树周年营养对磷的需求平稳，基本无高峰和低谷；对钾的需求量以果实膨大期最多。

氮、磷、钾是苹果生长必需的、也是构成果实的主要矿质营养，消耗量大，土壤供给不足，需要持续周期性补充。钙和镁主要存在于根、茎、叶中，对于提高苹果品质有非常重要的作用。一般土壤都不缺乏钙和镁，不过我国很多土壤都是碱性土壤，钙和镁的吸收困难，要通过土壤和叶面施肥来补充。微量元素如硼、锌、铁、锰、铜、钼也是苹果生长必需的营养元素，锌、硼和铁是最需及时补充的养分，对苹果正常的生长发育非常重要。

理论研究表明，每1000千克苹果吸收氮3.0千克、磷0.8千克、钾3.2千克。在栽培实践中，每1000千克苹果推荐施用氮5～8千克，三要素施用比例为1.0∶0.5∶1.1。一般亩产3000千克苹果，需施氮20千克、五氧化二磷12千克、氧化钾27千克。根据土壤养分化验结果，适当调节三者的施用比例，缺什么补什么，缺多少补多少。判断果园缺什么肥、缺多少主要靠营养诊断。

一般的苹果园将肥料根据使用时间分为基肥和追肥。

基肥在一般在秋季9～10月份进行，这时正值根系生长高峰期，施基肥有助于伤口的愈合，发生新根，而且肥料经过冬、春两季分解可及时供应生长、开花和坐果的需要，对果树当年树势的恢复及次年的生长发育起着决定性的作用。基肥以农家肥为主，混入少量速效氮肥和磷肥，施肥量占到全年施肥量的60%～70%。

追肥一般每年3次：第1次在土壤解冻后到萌芽前，即花前追肥，以氮肥为主，磷肥为辅，选用磷酸二铵或三元素复合肥；第2次在花芽分化期（5～6月份），以磷、钾肥为主，兼施氮肥；第3次在果实膨大期（7～8月份），以钾肥为主。对于土壤管理较好、有机质含量高的果园，最好只在秋天施1次底肥，生长季节不再对土壤追肥，但要进行叶面追肥。当土壤有机质含量高、营养元素均衡时，一次将底肥施足，各种营养就会被土壤吸附，在果树一年的生长过程中就会被慢慢吸收，这样既节约了劳动力，又能满足果树需要。有机果园当需要追肥时需要选用有机肥，比化肥提前15～20天施用。

（3）平衡施肥

进行施肥首先要保证营养元素的均衡，要选择利于改良土壤和果树生长发育的肥料。有机肥养分全面，有利于改良土壤结构，所以施肥要以有机肥为主。如果在有机肥制作中根据土壤和果树调配元素搭配，并增加一些矿质肥料，可做到养分均衡。这就要对土壤、果树进行诊断，确定肥料配方。在日本，肥料配方都是由农协提供。目前，我国已经完成了对全国土壤的测土工作，相关数据可向当地土肥站查询。我国不少苹果主产区以大量使用复合肥料为主，还加入尿素等纯氮肥，造成很多果园光长树不结果（图7-6），失败的原因大多是氮肥施用过量造成的。

另外，我国的土壤肥力太低，应该加大有机肥的施用量，再配合使用一些复合肥，保证果树对养分的吸收。苹果施肥最好在秋季果实采收后进行，最好一次将底肥施足，将来就不用再施肥。每次每亩用腐熟堆肥2～3吨，农家肥3～5吨，或商用有机肥0.5～1吨。为改土而施肥时施肥量可加倍。改土时要沟施或穴施，挖60厘米深的条沟或施肥穴（图7-7），将有机肥和表土混合均匀后施入（土肥的混合特别重要，否则有机肥都挤压在底层很难被分解利用），用

3～5年时间把全园土壤改良完。改土完成后就不要再挖沟，改为表层撒施，施肥后要马上浇水。

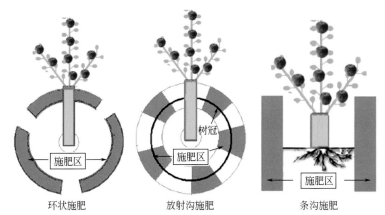

图7-7 不同类型施肥方式示意图

在日本，施肥以底肥为主，底肥占肥料全部用量的80%以上，在苹果收获后作为还给果树的礼物（礼肥）马上使用，全面撒施。剩余的20%在开花前作为偏肥使用。开花后一般不再追肥，尤其不要追氮肥。5～7月份追氮肥容易跑条，使枝条生长过长和出秋梢，造成花芽分化不好，影响第二年结果。如果要追肥，需等9月份花芽比较稳定之后再用，可以使枝条储存更多养分，有利于花芽充实和越冬。如果挖坑集中施肥，要注意不能伤粗根，翻土不要过深。

（4）根外追肥

通过叶面施肥、枝干涂抹或注射，可以补充树体营养，促进叶片加厚和光合能力的提高。喷肥在生长季进行，可每隔10～15天进行1次。一般在生长季前期用氮肥（如尿素、氨基酸叶面肥）、钙肥和铁肥，后期用磷肥和钾肥（如磷酸二氢钾），施肥时可与打药同时进行。如果能再加上生物菌肥、光合微肥、腐殖酸等就更好了（表7-2）。利用自己制造的营养液可以全面补充叶片营养，有效提高苹果的产量品质和果树抗性。

表7-2 苹果根外追肥的时间和肥料选择

物候期	肥料名称	使用浓度/%	喷施部位	主要作用
萌芽期	硫酸锌 硫酸亚铁	2～5 2～4	枝梢顶端	防治小叶病 防治黄化病
开花期	硼（酸）砂	0.2～0.3	花朵柱头	提高坐果率
幼果期 （花后3～4周）	氯化钙、钙宝、尿素、营养液	0.2～0.3	幼果和叶片	防治水心病、苦痘病，提高树体营养和果实硬度，促进光合
花芽分化期	钾肥、营养液	0.2～0.3	叶背	促使花芽分化，促进果实膨大
成熟期（采前30天）	磷酸二氢钾、海鲜营养液	0.3～0.5	叶背果实	促进果实着色，提高硬度和品质
采果后	尿素	1～3	叶背	促进树体养分积累
冬季	硫酸锌、硫酸亚铁	3～5	树干	防治小叶病和黄化病

　　土壤改良是高档果品特别是有机果品生产的基础，而施加叶面肥则是提高果品品质的捷径。果农一般都是通过购买各种叶面肥来使用，其实自己完全可以制作，而且自己制作的叶面肥施用量不受限制，成本低，还能根据自家果园的需要调节配方。下面介绍几种果树营养液的制作和使用方法。

　　① 红糖营养液

　　作用：增强叶片厚度、抗性，提高果实品质，特别是果实含糖量和贮运性。

　　方法：首先将2千克黄豆浸泡10个小时；然后加水16千克，用小火煮3个小时左右，直到水还剩8千克；将煮好的大豆水倒入桶中，适当加些地下水，将水温调到30～40℃，加入酵素4号，同一方向搅拌30分钟，制作成菌液；将制作好的菌液、50千克红糖倒入大缸中，加水至2/3处，搅拌30分钟，完成后用纱布盖好，并贴好标签。以后一周内每天搅动2次，然后再一天搅动1次，夏季20～30天可发酵好。春季1000倍液全树喷施，生长季300～500倍液喷施。

　　② 麻渣营养液

　　作用：增强叶片厚度、硬度、抗性，提高果实品质，特别是果实香味和含糖量能大大增加。

　　方法：先将60千克麻渣，装入4～5个有通透性的小袋中，放入大缸内；再将20千克红糖、2千克绿洲酵素4号倒入桶中，水温30～40℃，同一方向搅拌30分钟，制作成菌液；然后将菌液倒入大

(a) 将麻渣用通透编织袋装入缸中

(b) 在桶内加入清水和热水，调到30℃

(c) 加入营养液专用发酵菌肥

(d) 加入红糖，充分搅拌制作菌液

(e) 将调制好的菌液倒入大缸中

(f) 用纱布将缸封好，并贴好标签

图7-8　麻渣营养液制作流程

缸内，加地下水至2/3处。放在阴凉处，用纱布盖好。春季1000倍液全树喷施，生长季300～500倍液喷施。具体步骤如图7-8所示。

③ 海鲜营养液

作用：补充矿质营养，补充叶片氨基酸，提高果实品质，趋避害虫和鸟类。

方法：在150升的大缸内放入60千克的小黄花鱼头、鲅鱼头，也可利用海鲜内脏，10千克红糖（可适当增加以加快发酵速度），1千克绿洲效素4号。制作时，一层鱼加一层红糖，倒入缸内，然后加入地下水至2/3处。3～6个月可发酵好，上面油腻物捞去不用。春季1000倍液全树喷施，生长季300～500倍液喷施。

🍎 3. 果园灌水

水分是苹果的主要组成成分，水分参与组织细胞的构成和各种生化反应，对苹果的正常生长发育和品质提高有着十分重要的影响。苹果园中水分的循环见图7-9。水分不足会降低光合作用，影响根系和枝叶的生长，降低苹果的产量和品质。苹果最适宜的年降水量约在560～750毫米，我国苹果主产区基本都能满足，但是往往存在春季干旱问题，需要补充灌水。花芽分化和果实成熟期，如

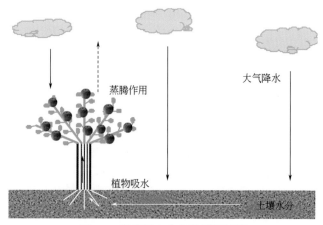

图7-9　苹果园中水分的循环过程

果空气比较干燥，日照充足，则果面光洁，色泽浓艳，花芽饱满。如雨量过多，日照不足，则易造成枝叶徒长，花芽分化不良，产量降低，病虫害严重，果实品质差。我国中原地区、华北平原年降水量在800毫米左右，但分布不均，时有春旱、伏旱或秋旱发生，多数年份7～8月份雨量又过于集中，所以要注意浇水和排涝。

在日本，由于降雨多，很少采用人工浇水，果园里也没有浇水设施。但是我国是大陆性气候，在苹果的主产区一般需要浇水3～5次。苹果一年中需水一般规律是前期多、中间少、后期又多。按物候期生产上通常采用萌芽水、花后水、膨大水、封冻水4个灌水时期。一般认为土壤最大持水量60%～80%为果树最适宜的土壤含水量。当含水量在50%～60%以下时，持续干旱就要灌水。也可凭经验测含水量，如壤土和沙性土果园，挖开10厘米的湿土，手握成团不散说明含水量在60%以上；如手握不成团、撒手即散，

(a) 滴灌　　　　　　　　　　　　　(b) 小管出流

(c) 树下微喷　　　　　　　　　　　(d) 水肥一体化设施

图7-10　苹果园常见节水措施

则应灌水。也可通过观察树叶的方法来判断，中午高温时，看叶有萎蔫低头现象，如过一夜后还不能复原，应立即灌水。在灌水上提倡滴灌、喷灌、小管出流、膜下滴灌等方式（图7-10），以节约用水。节水灌溉应确保苹果下层根系充分湿润。将水溶性肥料和灌溉系统相结合，实现水肥一体化管理是当前果园管理的新趋势[图7-10（d）]。另外，冬灌水和花前水宜大水灌透。

🍎 4. 花果管理技术

（1）辅助授粉

① 昆虫授粉　苹果为虫媒花，花朵大，花冠鲜艳，有蜜腺分泌蜜汁和芳香脂类物质。花粉粒大，表面有突起的条纹，常粘集在一起，便于黏附虫体传粉。借助昆虫（如蜜蜂、角额壁蜂）采蜜可达到传粉的目的。日本一般采用豆小峰来授粉，豆小峰只采花粉，速度快，授粉效率高。在我国一般使用蜜蜂或壁蜂授粉，使用时应注意以下事项：在授粉期间和授粉前10天禁止使用杀虫农药和避免污染水源，以免授粉昆虫受害；安置好蜂箱（图7-11），选择果园空旷、无树木房屋等遮挡处安置；箱底要在高出地面35厘米以上的牢固支架上固定，支架上涂抹废

图7-11　在苹果开花前安放蜂箱

机油，预防蚁、蛙、蛇等入侵，箱顶再盖遮阴防雨板压紧；放蜂时间在苹果树开花前2～3天为宜。苹果花期，每3～6亩果园需放1群蜂，蜂群间距350～400米，平均每株树上5～10头蜂。

② 人工授粉　如果园中缺少授粉品种或授粉树不够时，要采用昆虫或人工的方式促进授粉。促进授粉可以增大果个，减少畸形果率。人工授粉时须在授粉前2～3天在授粉树上采铃铛花或刚开放

的花，一般花多的树多采，每个花序采2～3个边花。乔纳金、陆奥、北斗等三倍体品种树，其花粉无生活力，不能作授粉品种树。一般1千克鲜花可产干花粉30克左右，每克可点授4000朵花，由此可计算出采花数量。采花后要立即拨开花瓣，将两朵花对磨，把花药

图7-12　人工点授花粉

平摊在纸上，室内阴干，温度20～25℃，湿度60%（在室内放盆清水即可）。授粉时将花粉和石松子粉（滑石粉、细淀粉也可）按1：（3～5）的比例混合，用授粉工具（授粉枪、橡皮头、棉花头等），点授刚开的中心花（图7-12），随开随点，一般需授粉3遍。

（2）疏花疏果

在授粉、坐果有保证的情况下最好花期疏花，腋花芽、骨干枝延长头的顶花芽、背下枝的花芽等开的花全部疏掉。疏花序时，对富士系品种在树冠空间每隔25厘米留1个花序，皇家嘎拉、华冠等品种每隔15～20厘米留1个花序，其余全部疏除。虽然疏花比疏果更有利于增加单果重，但我国北方早春气候变化幅度大，经常发生冻害，风沙也多，坐果往往没有把握，采用疏果的方式更为稳妥。对于开花多的果树，应在花序分离期或花芽露红期开始疏花。对于花量少的结果小年树，应采取人工授粉、喷硼砂、果园内放蜂等措施，辅助花朵授粉；并要及时防治危害花芽、花蕾、花瓣的害虫（如金龟子），以及预防风、霜、冻、雹等灾害，积极保花保果。

留果量的确定要根据果园实际情况进行。在日本，水肥条件好、管理水平高的果园每亩产量控制在2500千克左右（富士留果10000～12000个）。在我国，由于水肥条件差，所以一般的产量要控制在2000千克左右（留果9000～10000个）。严格疏果、定果是增加单果重的前提。一般大果型品种（如富士）每个果需要50～60片叶，中型果需要每个果40～50片叶，最好在果实周围的

结果枝组上每个果平均有30片以上的叶片。一般情况下，株行距3米×4米、亩栽55株的果园，单株留果150～180个；株行距3米×5米、亩栽44株的果园，单株留果量180～220个。

　　疏果之后就要定果，疏果越早越好，在疏果的基础上，依据预定产量和留果标准最后定果（图7-13）。定果一般在落花后15天开始。定果的留果标准因品种不同而不同，富士、红星、津轻、王林、千秋矮砧树5～6个顶芽留1个果，乔砧树4～5个顶芽留1个果；乔纳金、陆奥、北斗矮砧树6～7个顶芽留1个果，乔砧树5～6个顶芽留1个果。定果完成的最佳时间，富士、王林、津轻、千秋要在落花后25天完成，元帅系等在生理落果后定果，乔纳金在落花后30～35天完成为宜。

　　在疏果、定果时要遵循以下程序：腋花芽和一年生枝上的果全疏掉（最好疏花）；边花坐的果全疏掉，只留中心果结果，提高单果重（图7-14）；小果和畸形果优先疏掉。以上三类果疏完后如果还多，再优先疏掉果台枝短、叶片少的果。疏果时即使有些时候侧花果比中心果略大，也要留中心果，中心果将来能长大，只有中心果柄短或果实畸形情况下才留大的边果。苹果的后期生长所需养分主要是来自果台枝和果实附近的叶片，如果果台枝短，将来制造的养分也少，果实不能长大。然后是疏枝条背上背下的果，背下的果光照不充分，竞争养分的能力也弱，将来果个小，品质也差；背上的果果柄易折断。再次疏相互交叉的果，果实交叉相互遮阴，不利

图7-13　定果

图7-14　疏边果

于叶片制造养分和果实膨大。

（3）果实套袋

图7-15 苹果套袋

苹果套袋技术起源于日本，通过果实套袋可以提高果面着色和光洁度，色泽艳丽美观，减少药剂污染（图7-15）。在我国，果实套袋作为生产绿色无公害和出口果品的关键措施，已广泛应用于生产。在套袋时要选择内层有蜡质的双层果袋，单层袋和膜袋的效果不好，特别是对于富士、红星等红色品种更需要套纸袋。对于富士来说最好选用双层内红木浆纸袋，外袋的外层为灰绿色、内层为黑色、内袋为蜡质红色的果袋。小林、凯祥、富民、爱农等果袋的质量较好，其中质量最好的是日本小林袋。但套袋后果实的品质会下降，目前日本越来越多的果园采用无袋栽培。

套袋之前是病虫害防治的最关键时期，需要防治的病虫害有轮纹病、炭疽病、斑点落叶病、蚜虫、康氏粉蚧、叶螨、潜叶蛾等。所以从花后到套袋前一定要打2～3遍杀虫杀菌剂，同时对果树进行补钙，也可加入各种叶面肥。套袋前1周，要细致周到地喷布1次杀菌杀虫剂，使果面均匀受药。套袋前遇雨，需重新喷药。果实对钙的吸收主要是在前期进行，所以补钙一定要提前进行。套带前要进行土壤灌水，特别是我国春季干旱，应在套袋前3～5天灌水1次，待果园地皮干后再开始套袋。否则当旱情严重时，袋内温度过高。

套袋过早，果个小，操作不便，同时果柄幼嫩，也容易损伤果实，影响生长。套袋过晚，果实在袋内退绿差，取袋后着色不良，果实亮度低。套袋多在生理落果后进行。红色品种套袋时间一般在花后35～40天为宜，北京地区要在6月中旬完成。黄色品种和绿色品种在花后10～15天开始套袋，同一园片应在1周内套完。套袋时间最好选在晴天上午10点至下午日落1小时前，异常高温的中午不宜套袋，否则日灼严重。操作时，要求果袋鼓起、幼果居中。为避免雨水、药水及害虫进入袋内，袋口应朝下，封口要严密。

套袋之前需先把袋口潮湿软化，套袋时先用手撑开袋子，使之膨胀，张开两边底角的通气孔，然后纵向开口朝下，将幼果轻轻放入袋内，使果柄置于纵向开口基部。幼果悬于袋内，不可将叶片及副梢套入袋内，再将袋口横向分层折叠，最后用袋口处的扎丝变成"V"形夹住袋口即可。操作时需要注意：一要防止幼果紧贴纸袋造成日灼；二要保证扎严袋口，不留空隙，防止雨水和病虫进入袋中；三要注意扎丝不能扭在果柄上，而要夹在纸袋叠层上，以免损伤果柄，造成落果；四要让袋口朝下，以免袋口积水致果面长锈。套袋的过程要简练，要提高效率。就一棵树而言，要严格选择果形端正、果萼紧闭、发育好的单果、中心果、下垂果套袋。要先套上部，后套下部；先套内膛，后套外围，以防碰落果实。同时注意不套外围梢头果、背上朝天果、树冠顶层果和底层近地果。

（4）花芽促进技术

足够的花芽数量是苹果丰产的基础，同时只有足够的花芽数量并保证授粉、坐果的条件下，才能通过疏果作业选留大果形果子，为提高苹果品质打下基础。苹果较一般果树来说成花比较困难，需要较高的栽培管理技术，因此如何促进花芽分化始终是苹果生产管理的关键环节。主要的技术措施如下。

① 改良土壤，控制肥水　通过果园生草、增施有机肥等措施可以促进树体生长平衡，有利于苹果向生殖生长转化。大量使用化肥，降低了土壤中有机质的含量，造成土壤理化性状恶化，养分含量不平衡，其它元素无法被根系吸收，土壤供肥能力下降。土壤氮肥过多会造成果树长势过旺，影响花芽分化数量。增加土壤有机营养供应，能为花芽分化创造良好的基础条件。花芽分化期适当控制水可以促进花芽分化，但是我国多数苹果主产区春旱严重，所以6月份遇到干旱一定要及时浇水，保证花芽分化和果实膨大。

② 采用合理的整形修剪技术　苹果腋花芽分化的养分完全来自着生腋芽的叶片，中长枝顶花芽分化的养分基本上都是来自顶端

对生的叶片，短枝花芽分化的养分来自短枝上的大叶，所以冠层光照的多少是花芽分化的关键。合理的密度和树形是改善苹果冠层光照的基础，采用高光效树形能够保证叶片获得足够的光照，促进花芽分化。对于幼树，采用选留大角度主枝，并且多留小枝可以促进早成花，同时对夹角小的主枝进行拉枝来增加主枝角度。对于大树，在修剪时采用甩放的修剪手法有利于花芽分化，在修剪时背上枝不留，与主枝夹角小的枝条也不留，以利于成花。

③ 幼树环剥　对幼树进行环割和环剥（图7-16），可以提高成花率，由于我国苹果多以实生砧木繁殖，在结果初期成花难，因此不少地方要进行环剥。不过环剥削弱树势，易得腐烂病，最好不采用，进行环剥的果园也应在果树结果稳定后根据树势逐年减少环剥的数量。环剥后用报纸裹住，防

图7-16　幼树环剥

止病虫进入，切不可用手触摸。对于愈合不好的果树要及时桥接，以免过多地削弱树势。环剥是促进成花最坏的方法，最好在幼树阶段通过选留大角度枝条和甩放等方法促进成花。

日本的水肥条件都比中国好，但所有苹果树都不环剥，主要采用以下技术来保证足够的花芽分化：a.采用圆叶海棠扦插苗做砧木，其根系没有中国的八棱海棠等种子砧木生长势强，容易成花；b.利用大角度枝条来培养主枝，在日本采用自然开张角度大的中庸枝条来培养主枝，此类枝条早结果，成花也稳定。c.采用甩放修剪，对富士苹果树，日本强调轻剪甩放修剪手法，对弱势枝条的复壮也只是轻打头、轻回缩；d.严格疏果、定果，日本一般苹果亩产2000～2500千克，我国多数果农片面追求高产，留果量过多，使花芽分化形成很差，造成大小年严重，小年时没有花，又采用环剥了；e.采用的施肥方法不同，日本施肥时全年用肥量的80%作为底

肥，在收获后立即全面施用，余下的20%在花前施用，在花芽分化形成的六七月份和花芽充实的八月份不施用追肥，这样既保证了果实生长，又保证了花芽分化形成和充实。

④ 及时追肥　苹果花芽分化期如果缺肥，必然抑制花芽生理分化的顺利开始，并且因养分不足增加今年的小果率。如果追肥不当，可能造成无法成花，甚至造成秋梢过多。我国一直提倡在花芽分化期追膨大肥，而实际上这一时期花芽分化和果实膨大所需要的有机营养基本上来自周围叶片，而无机营养主要来自前一年秋后和当年早春的施肥。因此六七月份追肥并不能促进花芽分化和果实膨大，往往还会因为追氮肥造成枝条徒长、秋梢过多，影响了花芽分化和果实膨大。当发现果树缺肥时可以采用叶面喷肥的方法予以补充，一般打药时掺0.2%～0.3%的尿素和磷酸二氢钾。在叶面喷施有机液肥也能快速改善叶片营养，为花芽分化创造良好的营养供给条件。

⑤ 保护叶片　确保叶片可以为花芽分化提供足够的养分，在防病保叶上，一是套袋之前要用防病效果好、有效期长的药剂，尽量使用病害、虫害兼治型的药剂，严禁多种类混用；二是喷药要细致，树冠膛内膛外叶片正反两面喷药要均匀；三是禁止使用乳油型杀虫杀菌剂，多选用水剂、粉剂制品。确保叶片数量和质量是确保花芽质量的前提，特别是要注意斑点落叶病的防治。

（5）摘袋、摘叶、转果、铺反光膜

① 摘袋　较易着色的中熟和中晚熟红色品种，如嘎拉系、华冠等，一般宜在采前15～20天除袋；晚熟红色品种，如富士系，一般宜在采前20～30天除袋。早熟品种果实在袋内的时间为80天，中熟品种为100天，晚熟品种为120天。北京地区红富士苹果一般在9月下旬开始摘袋；西北黄土高原地区光照好、着色快，摘袋可再推迟几天（9月底至10月初）。摘袋时，早上的最低气温稳定到15℃以下才能摘袋（一般要求连续3天早上的最低气温低于15℃），高于15℃时摘袋会使果皮转绿，很难再变红。有些果农为使红富士苹果在国庆节上市，经常于9月上旬除袋，摘袋后由于气温高，

果实着色差，更重要的是养分积累不够，果实内的淀粉还没有充分分解，严重影响了苹果的内在品质。另外，如果摘袋过晚，天气转凉，气温降低，加之遇到阴雨天气，果实也难以着色，果面粗糙，甚至受冻。北京地区一般9月下旬摘袋较为合适，此时昼夜温差大，配合摘叶、转果，摘袋后2～3周即可着色，果面鲜嫩艳丽，亮度高，外观品质好。无论除外袋或内袋，最好选阴天或晴天上午10时以前和下午3时以后进行。上午摘除树冠西侧的果袋，下午摘除树冠东南侧的果袋，可减少日灼发生。切忌高温强光下除袋；也不能在清晨温度过低时摘袋，以防果皮受伤。

除袋2～5天后喷1次对果面刺激性小的杀菌剂，杀菌剂可选用农抗"120"500倍液、活性氧杀菌剂、70%的甲基托布津1000倍液等，保护好细嫩果面，防治套袋果实的黑红斑点病、轮纹烂果病、斑点落叶病等对果面的感染，促进果实着色。

② 摘叶、转果　摘袋后还可以贴上字或小图案等以增加果实的商品价值 [图7-17（a）]。为使苹果充分着色，还要进行摘叶工作 [图7-17（b）]。在摘叶之前最好进行1次秋剪，主要是剪除徒长枝、竞争枝、交叉枝、内膛枝等，通过减少枝叶量来改善光照。这时枝条已停长，当徒长枝多时修剪量可大一些。摘叶主要是摘贴近果实的托叶和影响果实着色的叶片，包括果实附近的叶片和徒长枝上的叶片。为了尽可能地使叶片多制造养分，摘叶时最好分两步，先摘贴近果实的叶片，过10天左右再摘影响着色的叶片。北京地区一般要摘掉30%的叶片果面才能全红；西北地区由于光照好、温差大，果面着色容易，只摘除贴近果实的叶片就可以了，一般占15%左右。

在第二次摘叶的同时，对于贴靠在枝条上长的果实要进行转果 [图7-17（c）]。贴靠在枝条上的果实只要轻轻把阴面转过来就可以了，相互贴靠的果实反向旋转，下垂悬空的果实如果有一面着色不好，可以用透明胶带固定。为防止磕伤果面，还可以用胶垫把枝条粘上。转果也要选择阴天或晴天上午10时前、下午3时后进行，不可在正午强光高温下转果。因为转果后由于果实阴面猛受阳光直射，加之果实成熟期昼夜温差大，有时果面会发生日灼。

(a) 贴字　　　　　　　　　　　(b) 摘叶

(c) 转果　　　　　　　　　　　(d) 铺反光膜

图7-17　苹果采前管理常用技术

③ 铺反光膜　摘叶、转果完成后就要铺设反光膜，有果树专用反光膜、银色反光膜、白色塑料膜。铺反光膜可以促进萼洼处着色，同时也能增加树膛内的光照，使果面着色均匀。铺反光膜前要清理树冠下的枝条和杂草，把地面整平，铺膜时要把膜拉紧拉平，各边用钉子固定或装土的塑料袋压紧［图7-17（d）］。一般每亩要铺膜300～400平方米。铺膜期间，应经常打扫膜上的树叶和尘土，保持膜面干净，提高反光效果。采收前要把膜收好，洗净晾干，妥善保管，第二年再用。

（6）完熟采收

完熟采收可以提高果品品质，而且这种技术最简单、最容易实现。但很多地区为了早上市占领市场，迎合果商的要求，在果实还没有完全成熟时就采收了。果实只有完全成熟（图7-18）以后其特有的风味才能表现出来，内在品质才能提高。日本青森县一般11月10日前后开始采收，福岛县一般11月15日前后开始采摘。采摘的具体时间根据苹果蜜腺出现的早晚而定，当切开苹果后有一定数量的蜜腺时就可以采摘了。在我国多数苹果主产区一般在10月下旬果实完全成熟；北京地区最佳开始采收时间为10月25日，由于北京地区降温快，所以苹果最好在11月上旬采收完毕。采收过晚，果实的果面发暗，硬度降低，容易受冻害，还会影响树体自身贮藏养分的积累，也不宜提倡。

图7-18　完全成熟的苹果

第八章 苹果病虫害综合防治技术

病虫害防治是苹果生产过程中最让人头疼的问题。在日本，由于雨水多、湿度大，病虫害的发生比中国严重得多。但是在日本的苹果园很少看见病虫害严重危害状况，这主要是他们根据病虫害的发生规律制定了相应的综合防治措施。过去我国苹果病虫害防治以化学防治为主，每年要打15次左右的农药，现在随着人们对食品安全的重视，目前在果树生产上普遍采用了无公害标准，并且所用农药也都是低毒、易分解的农药，并且在采前禁止使用化学农药。

苹果病虫害防治总的原则是"综合防治，预防为主"，可是怎样才能做到这一点呢？阳光是最好的杀菌剂，选择合理的密度、高光效树形，并在修剪中维持最佳的冠层结构，是有效的预防措施；"生命在于运动"，果树也需要多运动才能保持健康的体魄，风是果树枝、叶、果运动的力量源泉，只有保证果园的通风条件，才能保证果树健康成长，密植、低干、枝叶量大等均不利于果园通风；均衡的营养可以增强果树的抵抗力，因此要改良土壤，培肥地力，均衡施肥。本章结合我国的实际情况说明苹果病虫害的主要防治技术。

1. 主要害虫与防治

我国的苹果园大都采用集约的方式生产，以乔化密植、化肥和化学农药大量应用为主要特征，造成了果树抗性降低，天敌减少，病虫害连年发生，有时给果农造成较大损失。随着国内外市场对果品安全性要求的日渐苛刻，如何采用更安全的措施防治病虫害，特别是采用有机的防治方法是当前苹果生产的一项重大课题。苹果园的病虫很多，但真正能产生较大危害的只有十几种，而对某个果园真正能产生危害的往往只有几种，只要掌握了它们的发生发展规律（图8-1），防治并不困难。在防治过程中要采用预防为主，综合防治的原则，主要采用生物的、物理的方法防治病虫害，配合使用生物农药和低残留农药。

苹果园虫害的有机防治：通过果园生草可以改善果园的生态环境，增加天敌的数量；保护和利用天敌可以有效地控制卷叶蛾和潜叶蛾类害虫的发展（图8-2），也可利用性诱剂进行干扰；蚜虫的天敌也很多，但早春天敌出来的晚，还需辅以生物农药；果实套袋可以很好地防治食心虫和轮纹病的发生；利用机油乳剂可以有效控制蚧类虫害；石硫合剂、木醋液、中药配方等都是有机农业常用的杀虫剂；通过春起刮树皮可以大大降低病虫卵的基数；另外，黑光灯对金龟子的诱杀效果非常好。Bt、白僵菌、烟碱制剂、植源性除虫菊素、杀虫皂等都是生物农药，这些措施均可用于有机生产的果园。

苹果园虫害的无公害防治：对于按无公害或绿色标准生产的果园也可用一些低残留的化学农药，如吡虫啉、螨死净、灭幼脲等。乐果、辛硫磷、溴氰菊酯、扑海因等毒性较大的农药在必需时也可使用1次，且要在采收之前30天使用。我国大部分地区一般每年打药5～8次（杀虫药只需要3～5次）；环渤海湾地区生长季湿度较大，病虫害重，打药次数要多一些；西北黄土高原地区病虫害轻，打药次数要少一些。对于虫害要掌握好打药时机，根据具体虫害的发生规律及时用药（具体的防治方法和用药时间详见附录苹果栽培管理周年工作历）。苹果几种主要虫害的发生规律和用药时机可见图8-1（箭头所示），其绿色部分为最佳用药时机。

苹果主要的虫害有 蚜虫类（苹果黄蚜、苹果瘤蚜、苹果棉蚜等）、食心虫类有（桃小食心虫、梨小食心虫、苹小食心虫等）、卷

注：本章及附录蓝色字内容为无公害防治措施，不能用于有机果园。

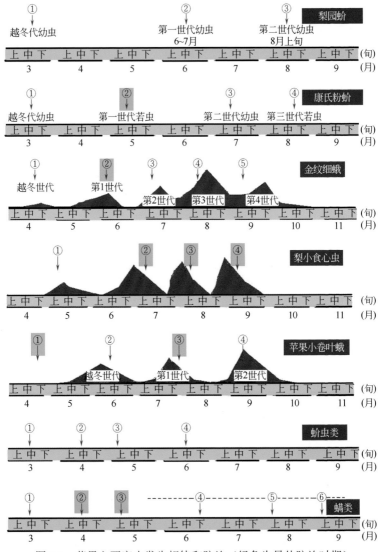

图8-1　苹果主要害虫发生规律和防治（绿色为最佳防治时期）

叶蛾类（苹果小卷叶蛾、顶梢卷叶蛾、苹果褐卷叶蛾等）、潜叶蛾类（金纹细蛾、银纹细蛾和旋纹细蛾等）、植食螨类（山楂叶螨、二斑叶螨等），此外还有梨园蚧、康氏粉蚧等。

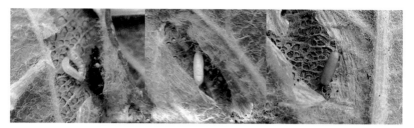

(a) 被天敌寄生的潜叶蛾

(b) 正在捕食蚜虫的瓢虫

(c) 正在捕食蚜虫的瓢虫幼虫

图8-2 病虫害的生物防治

（1）苹果蚜虫

蚜虫是苹果园最常见的害虫，苹果经常发生的蚜虫主要为苹果黄蚜，有的地方苹果瘤蚜和棉蚜时常发生。防治选用5%吡虫啉4000～5000倍液或啶虫脒4000～5000倍液，喷洒选择性农药50%抗蚜威可湿粉剂1500～2000倍液。对于发生危害比较重的果园，还可喷洒40%氧化乐果。

① 苹果棉蚜 棉蚜，别名血色蚜虫、赤蚜。苹果棉蚜以无翅胎生成虫及若虫密集在苹果树背阳枝干的愈合伤口、剪锯口、新梢、叶腋、果梗、萼洼以及地下的根部或露出地表的根际等处寄生为害。主要防治策略有：加强检疫，棉蚜是检疫害虫，对苗木、接穗和果实认真实施产地检疫和调运检疫；通过刮皮可以有效除蚜，刮除苹果树粗翘皮，刮除部分深埋或烧毁；苹果树发芽开花之前（3月中下旬至4月初）或苹果树部分叶片脱落之后（11月份）为苹果棉蚜的最佳防治适期，可选用10%吡虫啉可湿性粉剂2000～2500倍液，3%啶虫脒乳油2500倍液，乐斯本48%乳油1000～2000倍液，重点

喷透树干和树枝的剪锯口、伤疤、隙缝等处。所用药剂要注意交替使用，以避免产生抗性。药剂涂茎是防治棉蚜的特效方法，方法是将树干基部老皮刮至宽10厘米的环，露出韧皮部，然后用毛刷涂抹药，每株树涂药液5毫升，涂药后用废报纸包好，通过内吸杀虫，药剂为10%吡虫啉（一遍净、蚜虱净）乳油30～50倍液。

② 苹果瘤蚜　苹果瘤蚜又称卷叶蚜虫，在各个苹果产区都有分布。以成虫和若虫群集在嫩芽、叶片和幼果上吸食汁液。初期被害嫩叶不能正常展开。后期被害叶片皱缩，叶缘向背面纵卷。瘤蚜以卵在1年生枝条芽缝里越冬，第二年4月上旬开始孵化。一般在5月份为害最重。主要防治方法有：结合春季修剪，剪除被害枝梢，杀灭越冬卵；保护、利用天敌草岭、捕食性瓢虫等；早春发芽前，结合防治其它害虫，喷布含油量5%柴油乳剂，杀灭越冬卵。苹果开花前，喷布40%氧化乐果乳油1000倍液或50%对硫磷乳油1500～2000倍液，将若虫消灭在卷叶为害之前。

（2）红蜘蛛

即叶螨，为害苹果的主要有红蜘蛛（山楂红蜘蛛、苹果红蜘蛛、苜蓿红蜘蛛）和二斑叶螨。防治方法：① 早春在螨类藏身越冬处人工扑杀；秋季树干绑草环或绑纸板诱集越冬螨；花前喷0.5波美度石流合剂，1%虱螨净乳油5000倍液或20%三氯杀螨醇（混加40%氧化乐果）1000倍液。②萌芽开绽期和花蕾分离期喷低浓度石硫合剂，也可用阿维菌素或螨死净。③套袋前喷药时加入阿维菌素，认真喷雾可控制叶螨发生。此外，根据其越冬特点，对山楂叶螨可于秋季在树干上束草诱杀，对苹果叶螨可在萌芽前喷5%重柴油乳剂杀卵。

（3）桃小食心虫

以幼虫为害果实，引起果实畸形、脱落，失去商品价值。防治方法：做好测报工作，在越冬幼虫集中出土时地面喷药杀灭。每亩用40%毒死蜱250～500克，加1倍水，拌成25千克的毒土，撒入树盘，浅锄后耙平封闭土壤。果园悬挂性诱剂，既能诱杀成虫，又能测报。在成虫发生期利用桃小性诱卡测报高峰期，或田间查卵果率达0.5%～1%时，喷30%桃小灵乳剂2000～2500倍液，或2.5%

溴氰菊酯（敌杀死）2500倍液，或10%氯氰菊酯2000倍液，并及时摘除虫果。

（4）梨小食心虫

简称梨小，北方地区一年发生3～4代，以老熟幼虫主要在枝干翘皮裂缝中结茧越冬。防治方法：前期彻底剪除被害新梢，8月下旬在离地面30厘米左右绑草把诱集越冬幼虫。梨小具有趋化性和趋光性，可在树上挂糖醋罐、黑光灯诱杀成虫，如果和性诱剂相结合效果更好。进入7月份以后，在苹果园内用梨小性诱卡测报成虫发蛾高峰期，在此后3～5天内，喷布杀螟松、敌百虫、速灭杀丁等药剂。秋季树干束草，诱杀越冬幼虫。在田间卵发生期释放赤眼蜂也有很好的防治效果。

（5）苹果卷叶蛾

有苹果小卷叶蛾、苹果褐卷叶蛾、苹果大卷叶蛾等，在我国一年发生4代。防治方法主要有：在休眠期刮除老树皮烧毁，消灭越冬幼虫；可在第一代卵孵化期释放松毛虫赤眼蜂；用性诱芯或糖醋液、果醋诱捕成虫，效果显著。对于苹果小卷叶蛾也可采用药剂进行防治，在5月下旬第一代卵孵盛期，喷药防治效果最佳；药剂可用Bt乳剂600倍液，或喷布各种菊酯类农药2000～4000倍液。幼虫为害猖獗时，用40%毒死蜱800～1200倍液+18%齐螨素3000倍液喷施防治。

（6）苹果金纹细蛾

金纹细蛾在我国发生也比较多，主要为害苹果树嫩梢、叶片。主要防治方法有：冬季彻底清扫落叶，集中烧毁或深埋，消灭越冬蛹；利用金纹细蛾诱芯诱杀，一般每亩设置6～8个诱捕器来诱杀；在成虫发生盛期进行喷药防治；保护和利用天敌，跳小蜂、姬小蜂对金纹细蛾寄生率很高，对其发生有较强的控制作用；6月中旬是全年防治的关键时期，常用的药剂有灭幼脲3号、50%对硫磷乳油1000倍液，80%敌敌畏乳油1000倍液，25%灭扫利乳油2500倍液等。

（7）蚧壳虫

主要有球坚蚧（俗称疙瘩蚧）和康氏粉蚧，又分成朝鲜球坚蚧、日本球坚蚧、扁平球坚蚧等。防治方法：冬春结合修剪，剪除有虫枝，刷除蚧壳，减少虫源；防治蚧壳虫最有效的方法是在休眠季使用机油乳剂或柴油乳剂（石硫合剂使用前一个月喷施），也可喷施3～5波美度的石硫合剂，整个树体包括枝梢顶部必须喷到位；花后到套袋前是化学防治的关键时期，可用0.3%的石硫合剂，严重园用10%吡虫啉粉剂2000～3000倍液+3%啶虫脒微乳剂1500～2000倍液，要求每个果萼洼和果面见药，彻底杀灭康氏粉蚧；5月中下旬～6月份防治球坚蚧一代初孵若虫，此时蜡粉分泌少，防治最佳。为提高药效可混加各种黏着剂、增效剂，严重时，可隔5天再喷1次；套袋后，用内吸杀虫剂防治，如啶虫脒、吡虫啉等。

（8）金龟子

金龟子是为害苹果树的一类重要害虫，种类多，主要种类有苹毛金龟、铜绿丽金龟、斑喙丽金龟、黑绒金龟等。在成虫发生初期，可用废报纸或塑料薄膜作成筒或袋状，套在当年定植的幼树上，阻隔成虫为害幼嫩芽叶。开花期金龟子为害比较严重的果园，应采用人工捕捉或振荡法予以消灭。振荡法可于每天清晨露水未干时，在树冠下铺一层塑料薄膜，然后摇动树体，将振荡下来的金龟子放入装有杀虫剂药液的桶内杀死。金龟子趋光性强，有条件的地方亦可采用黑光灯、杀虫灯、糖醋液等诱杀，可有效防治。在苹果开花前2天，选喷50%速灭威可湿性粉剂500倍液，10%吡虫啉可湿粉剂3000倍液。化学防治，可在地面喷辛硫磷200倍液，树上喷菊酯类农药3000～4000倍液。

2. 小动物危害的防治

现在生态环境改善了，并且也不许捕捉鸟类，不少果园的鸟害非常严重，特别是靠近山区的果园。利用防鸟网（或防雹网）可以从根本上杜绝鸟类的危害，每亩的造价600～1000元（可用5年以上），鸟害严重的果园值得提倡，在冰雹严重的地区最好直接用防雹网（图8-3）。此外还可以利用反光镜（图8-4）、鞭炮、鸟炮等措施来防治。

在夏季高温多雨的地区，有的果园有蜗牛为害，可采用加大修剪量、改善光照和药剂来防治。

有的果园鼠害猖獗，田鼠喜欢啃树皮，可以造成树木死亡。当有田鼠为害时要及时用鼠药来消灭它，一般在秋后和早春下药；也可在树干基部用网套圈住。对常到地面活动的鼠种，如社鼠、松鼠等，可采用常见的捕鼠夹、捕鼠笼直接把鼠捕获，也可用专门设计的捕鼠盒或弹簧夹捕鼠。对在地下活动、

图8-3　防雹网

图8-4　防鸟反光镜

地面难以防除的害鼠，近年采用具有炸灭功能而不具引爆炸药的专用灭鼠雷管，炸灭效果很好，灭鼠率高，达96%～100%。对灭鼠具有较大作用的天敌动物有小猫头鹰、老鹰、黄鼠狼、蛇类等。

3. 主要病害与防治

苹果的主要病害有：苹果腐烂病、苹果炭疽病、苹果轮纹病、苹果斑点落叶病、苹果干腐病、苹果白粉病、苹果黑星病、苹果锈病、苹果褐斑病、苹果心腐病、苹果苦痘病（生理性缺钙引起）等。

（1）苹果腐烂病

苹果腐烂病是我国苹果园的一种毁灭性病害，我国苹果产区冬季干冷，尤其容易发生腐烂病。防治方法：加强肥培管理，控制结果量，及时疏花、疏果，减少营养消耗，保叶壮枝，合理肥水，防止冻害，减少病虫伤口，增强树势，提高树体对腐烂病的抵抗力。经常检查果园，发现病斑及早彻底刮治，刮后用好的伤口愈合剂涂

抹伤口，有机铜愈合剂效果最好（图8-5），"绿云"等愈合剂效果也可以；当果园面积大愈合剂用量大时，也可以用好一点的白乳胶，加5%的杀菌剂（用10%的水溶解），搅拌混合来自制愈合剂。

(a) 早春刮除腐烂病病斑

(b) 只刮不保护(效果差)

(c) 刮干净后用杀菌剂保护(效果差)

(d) 伤口用有机铜愈合剂保护(3个月)

(e) 伤口用有机铜愈合剂保护(2年)

图8-5　腐烂病的防治

直接在病斑上敷厚3～4厘米的胶泥（超出病斑边缘5～6厘米），用力裹紧塑料带，防止雨水冲刷和旱裂（也可以直接挖出地下80厘米深的心土和成泥用）。药剂防治时先用刀子将病斑划成井字形的伤口，再用果复康等强杀菌剂。不管何种方法都需要将腐烂病斑刮干净，将病斑坏死组织彻底刮除，成马蹄形，周围刮去健皮0.5～1厘米，上下1～2厘米，深达木质部，刮成平整立茬以利愈合。清除下来的病枝、病皮均应立即烧毁，以防传染。受害严重的植株可用桥接或脚接法辅助恢复生长势。

（2）苹果炭疽病

7～8月份盛发，在高温多雨的地区或年份发病严重，主要为害果实，引起腐烂和大量落果。防治方法：结合冬季修剪，彻底清除病僵果和病枯枝。加强果园管理，控制湿度，抑制病害发生；挑除烂果，深埋防病。摘袋前后至采收前，喷多菌灵1000～1200倍液、罗克1200倍液、凯歌5000倍液。生长期用1：（2～3）：200倍波尔多液与50%退菌特600～800倍液交替喷布，保护果实。果园防护林忌用刺槐树种。

（3）苹果轮纹病

轮纹病既为害枝干又为害果实，是苹果重要病害之一，在枝干上发病又叫粗皮病（不同于由缺锰引起的粗皮病），严重时削弱树势，引起落果。防治方法：加强栽培管理，增强树势，提高树体抗病能力。休眠期彻底刮除枝干上的病斑、老皮，结合防治腐烂病喷布1次3～5波美度石硫合剂或果复康50倍液。生长期喷药保护果实，前期用杀菌剂保护果实，后期可用1：（2～3）：200倍波尔多液。

（4）苹果早期落叶病

早期落叶病是苹果叶部几种病害的总称。其中引起严重落叶的是褐斑病和斑点落叶病。

预防褐斑病的农业措施：一是增施有机肥，果园生草、覆草改良土壤，促使根系吸收营养；平衡施肥，控氮、稳磷、补钾，增加铁、锌、硼、钙、镁、硅元素，增强树势。二是清除残枝、落叶，并开沟深埋，减少病源。三是对郁闭果园通过改形、拉枝，改善通风透光。主要有效药剂有农抗120、多抗霉素、大生等。

斑点落叶病主要侵染嫩叶，在春梢、秋梢旺长期发生2次高峰，元帅系品种受害严重。病菌均在病叶上越冬，其后借雨水飞溅传播。防治方法：休眠期做好清园工作，扫除落叶烧毁。果树嫩叶期喷多抗霉素、农抗120等。叶片病斑出现时，喷罗克1200倍液和10%宝丽安1000～1500倍液可以控制病菌发生，然后再喷波尔多液进行保护。斑点落叶病用防治其它早期落叶病的有效杀菌剂如波尔多液、甲基托布津、多菌灵等对其防效较差，预防此病喷布防治药剂的关键时期在5月份，等到夏天看到大病斑再喷药就晚了。

（5）霉心病

霉心病是有多种弱寄生病菌侵染心室后引起的病害。苹果开花期，病菌借气流从开裂的花瓣、雌雄蕊、花萼侵入，到果实采收和贮藏期发病。主要表现于心室霉变和心腐烂。苹果霉心病的防治应采用加强肥水管理，改善果园通风透光，降低湿度和花期喷药相结合的综合防治措施。采收后要立即低温冷藏，控制病害发展。发芽前全树喷1次5波美度石硫合剂，铲除树体上的病菌；初花期和盛花期喷药有显著的效果，连续喷2～3次，用10%多抗霉素1000～1500倍液、50%扑海因1000～1500倍液、80%退菌特500倍液、70%甲基托布津1000倍液、大生M-45等。

（6）黑星病

黑星病是近几年推广果实套袋后出现的一种新病害，有些地区个别年份为害非常严重。主要防治方法有：加强果园肥水管理，改善通风透光条件。积极进行化学预防，休眠期对树冠喷5波美度石硫合剂。在花后和套袋之前最好喷3次药，第一次喷内吸性杀菌剂如多抗霉素、甲基托布津、福星、保丽安等；第二次喷保护性杀菌剂，如农抗120易保、猛杀生、大生等；第三次于套袋前1天施药，选喷保护剂加治疗剂，如易保加甲基托布津、猛杀生加多菌灵、大生加扑海因等。规范套袋技术，选择质量可靠的果袋，在发病严重地区，要注意打开袋底两角通气孔。

（7）苹果白粉病

苹果白粉病主要为害实生嫩苗，大树芽、梢、嫩叶，也为害花及幼果。病部满布白粉是此病的主要特征。苹果白粉病的防治：在增强树势的前提下，要重视冬季和早春连续、彻底剪病梢，减少越冬病原。早春发芽前，剪除病梢、病芽（应将顶芽以下3～4个芽一起剪掉）；展叶至开花期，连续检查病花、病叶和病梢，剪下部分集中烧毁。化学防治的关键是在萌芽期和花前花后的树上喷药。药剂中硫制剂对此病有较好的防治效果。萌芽期喷3波美度石硫合剂。花前可喷0.5波美度石硫合剂或50%硫悬浮剂150倍液。发病重时，花后可连喷2次25%粉锈宁1500倍液等。

（8）苹果根癌病

最近不少地方苹果根癌病日益严重，该病主要发生在根茎部，有时也发生在侧根上。防治方法主要有：育苗苗圃要注意更换新地；注意防治地下害虫及防止其它根部伤害；出圃苗木严格检查，淘汰、烧毁病苗；加强肥水管理，促使根系健壮生长，增强抗病能力；发现病瘤时应彻底切除病瘤，然后用1%硫酸铜或50倍的抗菌剂消毒切口，外涂波尔多液保护，也可用400毫克/升链霉素涂切口。

（9）苹果干腐病

干腐病又名"干腐烂"，为害衰弱大树枝干、侧枝和小枝，造成表层腐烂和烂果。症状分为溃疡型和枝枯型。主要防治措施有：防治苹果干腐病要选用健苗，深翻及增施有机肥，干旱季节及时灌水。剪除病虫枯枝，不用病枝做支撑物和果园篱笆；发芽前喷3～5波美度石硫合剂、或40%福美砷可湿性粉剂100倍；发芽盛期前，结合防治轮纹病、炭疽病喷两次1：2：200波尔多液、或50%退菌特800倍液、或50%复方多菌灵800倍液；及时刮除病斑，用刀划破表皮，涂10波美度的石硫合剂，涂40%福美砷50倍液，消毒保护。

4. 苹果病害的防治策略

与虫害防治不同，苹果病害的防治主要靠预防，虫害不严重时可以不干预，而病害则必须在未发病时预防。要从单一化学农药防治到综合防治，综合运用多种策略控制病菌的发生和扩散。苹果有病害100余种，常见的有十几种。对于苹果病害防治，要从苹果园生态体系的整体出发，因地制宜，把栽培措施、生物防治、物理方法、化学农药等技术有机地协调应用，达到防治病害目的。

（1）栽培管理

栽培管理就是根据苹果树、有害病原菌、环境条件三者之间的关系，综合运用相应措施，有目的地对果园生态系统进行调控，促进苹果生长，增强对有害病菌的抵抗能力。同时营造不利于有害病菌活动、繁衍生存的环境条件，达到控制有害病菌的目的。栽培管理是最基本的病虫害防治方法，是苹果病虫综合管理的基础，其主要措施如下。

① 培育和种植健壮无病菌和病毒的繁殖材料　苹果紫纹羽病、白纹羽病、白绢病等根部病害，都有苗木带菌传播的。苹果锈果病、花叶病等毒病，则是靠接穗传播的。

② 果园规划与建立　要考虑对苹果病害的预防，果园前茬以禾谷作物为好；对于老果园，要先土壤消毒后栽树；定植时不要栽在原来的老树坑上，这样可避免根部病虫的传播和部分营养成分的缺乏。确定合理密植（图8-6），既要考虑早丰产，也要考虑果园通风透光有利于病虫防治，一定要进行计划密植，当树冠密了就要间伐。

③ 及时清除病害源　在冬季要及时彻底清扫落叶和杂草，消灭早期落叶病、黑星病等病源。冬夏修剪时剪除腐烂病、炭疽病、白粉病等带病枝梢、病僵果，带出园外，集中烧毁。通过刮除老翘皮，去除苹果树的翘皮和裂缝的病菌。

④ 合理修剪　合理修剪，改善果园通风透光条件，调节树体负荷，使树体生长健壮，

图8-6　密植果园的定植

增强对病虫的抵抗能力，可减轻炭疽病、轮纹病、早期落叶病的发生危害程度。同时，还可结合修剪，剪除病梢，集中处理，直接消灭越冬病虫。需要注意的是，对修剪造成的伤口，要在修剪后马上用愈合剂保护，这是预防腐烂病最关键最有效的措施。

⑤ 改良土壤，加强肥水　改良土壤，提高土壤有机质含量是农业生产的根本，通过改良土壤可以增强树体对病菌的抵抗能力。主要注意平衡施肥，少用化肥，以腐熟有机肥为主，果园生草，改良果园环境。土壤干旱时适时浇水，涝天及时排水，使果树生长发育健壮，增强对病虫害的抗能力和受害后的补偿能力。这些措施对预防和抑制腐烂病、轮纹病、干腐病、烂根病、炭疽病等效果尤为明显。

（2）生物防治

病害的生物防治主要是利用微生物间的拮抗作用，或利用微生物生命活动过程中产生的一种物质去抑制其它的有害微生物的生长，甚至杀灭。如农抗120是一种链霉菌的代谢产物，是新开发的一种新型的农用抗生素，对多种作物的真菌病害有明显的防治效果。在苹果上用农抗120可防治树皮腐烂病、白粉病等。

（3）物理防治

物理防治简单易行，无公害、无残留，但费时费力，有时防治不够彻底。果实套袋可有效阻止多种病菌的侵染，如轮纹病等。但有些病害如黑点病、红点病反而有加重的倾向。刮除病斑，去除病枝和病根等，可有效地制止病情发展扩散，铲除病源。桥接、脚接、根接等可沟通营养，恢复树势，这些手术是挽救重病树的重要措施。

（4）药剂防治

主要是化学农药，也包括矿质农药。石硫合剂、波尔多液、柴油乳剂、木醋液、食醋液等杀菌剂对环境和果实的污染很小或没有什么污染，可以用于有机农业。化学防治具有见效快、应用广、效果高和使用方便等特点。但化学防治不能从根本上消灭病菌，还能让病菌产生抗性，需要注意以下几个方面。

① 对症用药　苹果病害、虫害等有害生物种类很多，化学农药的种类也很多样，只有在准确识别有害生物种类，了解其发生发

展规律，并了解药剂特性的基础上，才能做到准确对症用药。

②适时用药　对主要病害，应把握好防治时机，了解其发生条件和扩散规律，确定最佳用药时机。

③适量用药　有的果农在用药时为了增进效果，经常加大浓度，这样很容易增加病菌的抗药性，杀菌效果也增加不了多少。

④轮换用药　一种农药长期使用，病菌往往产生抗药性，应在一年里轮换使用几种农药，而不要在一个果园内连续多年使用一两种农药。

⑤混合用药　在苹果生产中，往往在同一个时期发生几种虫害和病害，混合使用农药可兼治几种病虫。但应注意有机硫杀菌剂多是酸性的，这些药一般不应和石硫合剂、波尔多液等碱性药混合使用。石硫合剂和波尔多液都是碱性的，但二者混合立即产生黑褐色的硫化铜沉淀，有效成分遭到破坏，易发生对植物的药害。几种常用药剂混合使用情况如表8-1所示。

表8-1　常用农药混合使用表

农药种类	有机磷类	有机氮类	有机氯类	拟除虫菊酯类	波尔多液	石硫合剂	有机砷杀菌剂	有机硫杀菌剂
有机磷类		+	+	+	○	±	+	+
有机氮类	+		+	+	–	–	+	+
有机氯类	+	+		+	+	+	+	+
拟除虫菊酯类	+	+	+		○	○	+	+
波尔多液	○	–	+	○		–	–	–
石硫合剂	○	–	+	○	–		+	–
有机砷杀菌剂	+	+	+	+	–	+		+
有机硫杀菌剂	+	+	+	+	–	–	+	

注：“+”可以混用；“○”可以混用，但要立即使用；有些混用时要略微提高些浓度才能保持药效；“±”在某种条件下可以混用；“–”不能混用。

5. 有机苹果园不同生长时期病虫害防治要点

对于采用有机生产的苹果园，在防治过程中要采用预防为主、综合防治的原则，主要采用生物的、物理的方法防治病虫害，配合使用生物农药和低残留农药。其不同时期的病虫害防治措施如下。

（1）休眠期的防治措施

① 进行清园活动，结合冬剪，剪除病虫枝，彻底清除枯枝落叶、病果、杂草等，摘除僵果、白梢，刮除病斑、翘皮，清理树干、树枝和树梢上的越冬卵块及虫蛹，集中烧毁或深埋。

② 进行树体保护，用生石灰、食盐、大豆汁和水按 25∶5∶1∶75 的比例配好，在落叶后至封冻前或早春发芽前进行树干涂白；对于枝干患轮纹病的树，可在树干或主枝上划出纵道，用 5 波美度的石硫合剂涂抹，或全树喷 0.3～0.5 波美度的石硫合剂。

③ 结合深翻施基肥的措施，灭杀在土壤中越冬的害虫，如桃小食心虫、各种金龟子的成虫或幼虫。

④ 每年落叶后喷一遍石硫合剂，萌芽前一个月喷一遍机油乳剂，是进行有机防治的常规措施。

以上措施可极大降低果园病虫害的越冬基数，减轻第二年多种病虫害的为害程度。

（2）发芽前的防治措施

这一时期需要补施基肥，同时需再次清除田园中遗留的病虫残体，进一步灭杀土壤中越冬的害虫。对于患苹果树腐烂病、苹果枝溃疡病及苹果轮纹病的树，要刮除病部（图8-7），去掉病枝，并用 0.3～0.5 波美度的石硫合剂喷树。对苹果白粉病发生较重的树，除喷 1 次 0.3～0.5 波美度的石硫合剂外，花前花后应再喷 1 次；对于白粉病的防治，可使用 45% 硫黄悬浮剂 200～300 倍液替代石硫合剂。

（3）萌芽期的防治措施

此时蚜虫开始迁飞，可用附有黏着剂的黄板进行诱杀，或使用驱避膜进行防治。同时，苹果小卷叶蛾及顶小卷叶蛾的越冬代幼虫开始出蛰为害，但经过初冬和早春两次清洁果园的行动，这两种害虫的越冬代个体所剩很

图8-7　早春刮树皮

少，不能造成重大为害。若为害较重，可在其卷叶之前使用Bt制剂或植物来源的除虫菊酯进行防治，同时悬挂性诱剂诱杀雄虫，降低虫口密度。

（4）花期的防治措施

结合疏花和人工授粉，人工灭杀为害嫩芽、花蕾、新梢的苹果小卷叶蛾、芽白卷叶蛾幼虫。对为害花的苹白丽金龟、小青花金龟成虫，则可利用其假死习性，于早晨、傍晚的不活跃时期振动树干，摇落于树下踩死。苹毛丽金龟在早春出土后先在杨、柳树的嫩叶上为害，其后才转移到苹果园中为害，所以在防治时应注意果园附近是否种有杨、柳及榆树。也可以利用其趋光性、趋化性，用黑光灯和糖醋液诱杀。

对于周围有桧柏树，上年锈病发生较重的果园，在这一时期应喷施一次1:2:200的波尔多液进行防治，在波尔多液中可加入豆汁增加其黏着力，延长药效，并可兼治苹果早期落叶病。

（5）幼果期的防治措施

这一时期要进行疏果、夏剪、施肥、灌水等操作，结合这些操作，可除去病虫果，减轻病虫为害。另外，这一时期要注意对以下几种病虫害进行防治。

① 桃小食心虫、苹果小食心虫、苹果小卷叶蛾、刺蛾、金纹细蛾、铜绿丽金龟、白星花金龟等害虫的成虫均已出现或达到盛发期，此时可用黑光灯、糖醋液及腐烂的果汁进行预测预报及诱杀，也可设置含有昆虫性激素的诱捕器和散发器皿干扰害虫交配和诱杀（图8-8）。同时根据预测预报结果，释放寄生蜂、草蛉和瓢虫等害虫天敌进行防治。

图8-8　悬挂性诱剂防治食心虫、卷叶蛾等害虫

② 山楂叶螨、苹果叶螨及苹果瘤蚜等害虫也在这一

时期大量发生，可根据预测预报人工释放草蛉、瓢虫、捕食性螨类等天敌进行控制（图8-9）；也可用直接从植物中提取的杀虫剂进行喷洒，或用0.2波美度的石硫合剂或50%硫黄悬浮剂200~300倍液防治叶螨（药量要大，必须让所有的枝叶都布满药液），对天敌昆虫无害，同时可兼治白粉病等病害。

图8-9 释放瓢虫

（6）果实发育期的防治措施

这一时期是套袋、夏剪、追肥的时期。在幼果期和果实发育期是防治苹果腐烂病、苹果枝溃疡病、苹果轮纹病的最佳时期，采用刮皮法结合喷施0.3~0.5波美度的石硫合剂；并在7月上旬喷两次1：2：200的波尔多液，防治斑点落叶病等病害。

（7）果实成熟期和采收期的防治措施

可再次喷施1：2：200的波尔多液防治苹果轮纹病、斑点落叶病等病害，对于有斑点落叶病的果园一定要在脱袋前喷一遍杀菌剂，如果严重还要在脱袋后再喷一遍。

采收期需要进行去除果袋、摘叶、采收、施基肥等操作，可结合这些操作摘除受害并残留有病虫的叶片、果实，带出田间烧毁或深埋处理；并在施基肥时消灭入土越冬的多种害虫。

🍎 6. 常见的生理性病害

（1）苹果常见的缺素症

如果土壤营养失衡，苹果就会发生缺素症状，营养失调。主要通过树体和土壤诊断，搞清楚缺什么元素，然后有针对性地补充。最根本的方法是改良土壤，平衡土壤养分，在土壤施肥时进行补充。严重时还要通过施叶面肥的方法来补充，叶面肥效果快，但有效期

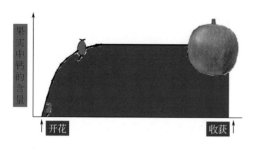

图8-10 苹果果实不同时期吸收钙素动态

短，一般需要进行2～3次喷施。苹果常见的缺素病症如下。

① 苦痘病 也称苦陷病，由于缺钙引起，采收前病果表面下陷，先见于果顶，果肉变软，干枯有苦味，储藏期发病多。缺钙还能引起水心病，果肉呈半透明水渍状，呈放射状扩展，病变组织质地松软，有异味；贮藏期病变继续发展，最终果肉细胞间隙，充满汁液直至腐烂。一般在幼果期喷2～3次钙肥可防治苦痘病，由于果实对钙的吸收在坐果后1个月完成（图8-10），所以果实补钙要早。

② 黄化病 碱性土壤种植的果树容易缺铁，苹果缺铁后新梢叶片失绿黄白化，称黄叶病，失绿程度依次向上加重，夏梢、秋梢发病多于春梢，病叶多呈清晰的网目状花叶，称黄化花叶病。严重黄白化的，叶缘亦可烧灼、干枯、脱落，形成枯梢或秃枝，严重时导致整株衰亡。缺铁可通过生长季喷含铁叶面肥来补充铁的含量，同时秋施基肥时要加入硫酸亚铁。

③ 小叶病 苹果缺锌引起小叶病。表现为叶片显著变小，一般在新梢顶部轮生、簇生小而硬的叶片，中下部光秃。病枝花果少、小、畸形。沙地果园土壤瘠薄，含锌量低，透水性好，可溶性锌盐易流失，所以发病较重；灌水过多，可溶性锌盐易流失，也容易发病。具体的防治方法有：通过增施有机肥降低土壤pH值，增加锌盐的溶解度；在树上或树下增施锌盐，可以防治小叶病，如发芽前树上喷3%～5%的硫酸锌或发芽初期喷施1%的硫酸锌溶液，当年效果比较明显。结合春、秋施基肥，每株成树（15年生左右）加施硫酸锌0.25～0.5千克，施后第二年显效，并可持续3～5年。

④ 缩果病 苹果缺硼后新梢受损以至干枯，多生细弱侧枝，叶厚且落叶增多，叶柄短粗变脆，叶脉扭曲，似小叶症。苹果果实缺

硼症状为幼果表面现水渍状褐斑，后木栓化干缩，表皮凹陷不平，龟裂，所以称缩果病，病果于成熟前脱落或干缩果挂树；症状轻者果实内现褐色木栓化或呈海绵状空洞，病变部分果肉带苦味。在花期和幼果期喷硼砂可减轻缩果病，同时秋施基肥时要加入硼砂。

⑤ 苹果粗皮症　苹果粗皮病又叫赤疹病，是由锰过剩引起的一种生理性"多素症"。发生粗皮病的苹果树，8月中、下旬新梢上开始出现小的突起，逐渐膨胀后变为疹子状。削开病皮，可见到粒状黑点和线状坏死部分，有时深达木质部。当土壤pH值低于5时，国光、红香蕉、富士等品种容易发生粗皮病。选择适宜的栽培土壤，改良酸性土壤，加强果园的水肥管理，可有效防治粗皮病。

平衡果树营养主要依靠改良土壤，平衡施肥，根据土壤和果树的缺素症状制定相应的改土施肥方案。平衡植物营养的一剂良药是海水，生命起源于海洋，海水中含有植物所需要的一切营养元素，进行适当稀释后就可以直接使用。

（2）果锈病

果锈是苹果常见的生理性病害，尤其是在平原、黄河故道等地种植的果园，发生更为普遍，严重影响苹果的外观品质。果锈病是苹果果实上的一种生理病害，有药锈和水锈两种。苹果果锈主要表现在果实的表皮。药锈和水锈表现的症状不同。药锈呈褐色，由许多小粒点组成不规则的条状或块状，手感较粗糙，严重时遍及全果；水锈呈深褐色，多发生于果柄周围的梗洼部分，手感较光滑，梗洼低深的地方锈斑越密，色泽也越深。苹果果锈多发生在秋花皮（新苹）、金帅（黄香蕉）、红玉、红魁等品种上，尤以前两个品种表现最为严重，在平原管理不当的富士果园中果锈也发生较重。

导致果锈产生的因素，有内在和外界两个方面。内在因素与幼果娇嫩、果皮组织受到刺激后容易受伤有关，因此，果锈多在幼果期形成。外界因素主要有两个方面：在苹果谢花后的5月上旬至6月中旬的幼果阶段喷洒波尔多液，易产生药害。因硫酸铜有渗透作用，在多雨的条件下，石灰部分易流失，残留在果皮上的铜离子更容易渗透到果皮里，伤害幼果的表皮组织，当幼果受伤的果皮组织愈合后，就形成了锈斑。苹果幼果期喷药时，如果操作不当，如喷射压力大，雾点粗，喷头离果近，即使是喷清水也会产生果锈，这是幼果果皮直接受到机械损伤的结果。如果这两个因素加在一起，就必定造成严重的药锈。而产生水锈的外界因素则是自然条件，是由雨水对幼果的冲击和夹带灰沙的雨水积聚在梗洼所致。此外，一般靠海近的果园，果锈的发生也常较严重。

防治方法主要有：改良土壤是防治果锈的根本方法，增施磷、钾肥料，避免偏施氮肥，可增强幼果的抗药力；自苹果谢花后至6月中旬需喷药防病时，应避免使用波尔多液；苹果幼果期喷药，要求做到雾点细，喷头与果实的距离适当，机动喷雾器要适当减压，以减轻药液对幼果果皮的冲击；幼果期早套袋可有效减轻果锈的发生，也能避免雨水和药液对幼果的刺激；在苹果落花期，落花后10天和落花后20天，各喷1次30倍的二氧化硅水剂，可减少锈果率达90%以上；可用25毫克/升赤霉素液喷雾，也可获得良好效果。在运城地区采用先套膜袋后套纸袋的方法（图8-11），有效减轻了果锈的发生，套袋时膜袋要早套，越早越好，纸袋可在膜袋套后20～30天再套。

图8-11　套膜袋的苹果园

7. 气候对果树的影响及主要自然灾害的防御

（1）苹果冻害的发生与防御

在冬季最低气温低于－25℃的地区容易发生冻害，所以这些地区不适合种植苹果树。在东北、西北、华北北部等苹果产区，个别年份也会出现最低气温低于－25℃的情况，这时也会发生冻害（图8-12）。幼树比大树更容易发生冻害，在容易发生冻害的地区对于1~3年生的幼树要特别注意保护。不同苹果品种的抗冻能力有所差别，国光抗冻能力强，而富士抗冻能力差，另外还与砧木类型有关。

图8-12　因冻害而受伤的果园

预防措施主要有：加强树体越冬保护，幼树采用埋土、缠膜措施；大树采用主干培土、包草、涂白、喷施保护剂等措施。一般树干西北侧容易先发生冻害，在果园西北面栽植防风林，为果园挡风可有效防治冻害。选抗寒品种或抗寒力较强的砧木进行高接，可以在一定程度上提高品种的抗寒能力。

（2）抽条的发生与防御

在我国北方地区早春升温快，并且气温上升得比地温快，地上失水后，地下的根系难以补充，就造成枝条失水干枯，这种现象叫抽条。一般多发生在气温回升快、干燥多风、地温较低的2月中旬至3月下旬。发生抽条的多是幼树，因为幼树长势旺，枝条不充实，所以容易发生抽条。

防止抽条的主要措施有：在生长后期控制土壤水分，不施氮肥而施磷钾肥，多次摘心抑制枝条徒长，喷施生长抑制剂和加强病虫害防治等；营造防护林，树干涂白，果树培半圆形土埂，幼树卧倒埋土，树体喷施保护剂（羧甲基纤维素）等；秋栽树埋土和缠塑料薄膜是防止抽条最好的办法，薄膜要做到严、紧、薄。

（3）晚霜危害及预防

我国是典型的大陆性气候，早春气候变化大，经常有冷空气活动，同时这个时期又是苹果开花、坐果的时间，非常容易发生冻害。晚霜多发生在凌晨，当气温骤然降至－2℃的时，苹果就会遭冻害，有时低于5℃的低温持续时间长也会对坐果造成伤害。霜冻时凌晨地面出现的一层20厘米的冷湿气层，会使果树枝条、花芽、花朵等器官受冻。苹果树从萌芽至开花期，花器官的耐寒性渐次降低，花蕾期遇－2.8℃的短期低温，开花期遇－1.7℃的短期低温，就会发生冻害。苹果树的花芽分化越完善抗冻性越差，顶花芽较腋花芽分化完善，顶花芽易受晚霜为害。

晚霜造成果树冻害的症状因冻害轻重而不同。花芽受冻害重的，外部芽鳞松散无光，干缩枯萎，一触即落；子房和雌蕊会变黑腐烂。花芽受害轻的，柱头和花柱上部变褐干枯。幼果受害轻时，剖开果实可发现幼胚变褐而果实仍保持绿色，以后逐渐脱落；重时全果变褐很快脱落。枝条形成层遇晚霜受冻后，皮层很易剥离，形成层呈黑褐色；严重时树皮爆裂，枯干死亡。

预防晚霜冻害的措施主要有：建果园应建在缓坡地带，平地建园要在主风向建防风林带，以改变果园小气候；选择抗低温能力较强的品种；加强肥水管理，多施有机肥，早春不要偏施氮肥，生长季节氮肥施量不要过多，增施磷、钾肥；春季灌水，延迟果树发芽，花前灌水2～3次，可延迟花期2～3天；随时注意天气变化和天气预报，最低气温降至5℃以下或地面最低温度降至0℃以下，则可能发生晚霜，霜冻来临前进行熏烟防霜，可提高气温1～2℃，在果园上风头放6～10堆（每堆约25千克或更多）熏烟材料（落叶、秸秆、杂草），每隔20～25米放1堆，点燃熏烟防霜，点燃后应只冒烟但不发生明火；也可利用防霜烟剂，将硝酸铵（20%）、锯末（60%）、废柴油（10%）、煤末（10%）混合后装入铁桶内，然后点燃；利用大型吹风机，在果园内隔一定距离设点，将冷气吹散，也可防止霜害。

（4）日灼现象与防御

日灼是由阳光对果面或枝干的直接照射引起的，日灼多发生在华北、西北光照充足的地区，尤其在山地和丘陵地果园发生较多，严重影响苹果品质。多在果实上发生烫灼状圆形斑，在绿色果皮上呈黄白色，在红色果皮上为浅白色，斑块无明显边缘，当果实已全面着色时，"日灼"部分仍呈浅白色。最后果肉渐硬化，果皮及附近细胞表现为深褐色坏死。"日灼"部分易被腐生菌感染为害。苹果树南面或西南面裸露的枝干，常常发生浅红紫色块状或长条状的"日灼"斑，有的条斑长达1米左右。发病较轻时，仅皮层外表受伤；严重时，皮层全部死亡，乃至形成层及木质部外层也死亡。小枝严重受害时枯死。

对于果实来说，套袋苹果脱袋后容易发生日灼。双层纸袋必须分两次脱袋，间隔7天左右；单层纸袋最好先在纸袋下面开一个小口，过几天再脱袋。果实套袋初期有时也能发生日灼，6月下旬至7月上旬，气温升高快，果袋内温度为全年最高值，树冠外围和南侧无枝叶遮挡的套袋果实常发生日烧。透气性不良的纸袋、双黑袋、单层纸袋和塑膜袋果实日烧后，果面退绿发白，严重者变褐、变黑，甚至凹陷，失去商品价值。夏季修剪环割、环剥，疏枝过重，都会加剧果实日灼。另外，还与果袋的种类、树势、结果部位、管理水平等有关。

主要的防治措施有：果园适时灌水，及时防治其它病害，保护果树枝叶齐全和正常生长发育，有利于防止"日灼"发生；采用树干涂白、缚草、涂泥或在夏季喷洒2%的石灰水；修剪时在主枝保留一些直立枝，避免枝干光秃裸露，特别在向阳面要留些枝叶；大伤口及时涂保护剂；生长期应及时灌水，避免叶片生长受阻，加剧枝干的日灼；干旱地区越冬前要灌足冬水，减轻日灼伤害。

（5）雹灾的预防

雹灾是夏季时常出现的灾害性天气，在有些地方还经常发生。雹灾能够造成果园产量降低，品质变差，甚至造成果树被砸烂，造成严重损失。在经常发生雹灾的地区最好建造防雹网来预防，虽然投资较大，但可以一劳永逸，还能防止鸟害。发生雹灾后应根据果园受灾程度进行救治，坚持救管并重、地上地下同步、树体救治为主、救治与加大管理相结合的原则，主要采取以下措施：受灾果园枝叶受损严重，养分消耗大，要加强水肥，每亩增施高级有机肥150～250千克或氮、磷、钾复合肥40～60千克，以利树势恢复。受灾后由于枝叶受伤，很容易感染病菌，必须在雹灾后马上喷施1次杀菌剂。同时结合喷药，每隔10～15天喷施1次营养液。受伤面积较大或受伤死亡的枝条应从未受伤的地方剪除，以利伤口保护，促其生长。受伤果树伤口处起皮、裂皮要刮平，刮后可涂抹长效康复灵；伤口小则不必涂抹。清除落地枝、叶、果。

图8-13　在苹果园周围搭建的防风网

（6）大风危害与预防

大风也能对苹果园造成危害，特别是在花期大风能够影响授粉、受精，造成落花、落果。有的地方在夏季还会发生台风为害。对于经常发生风害的地方最好营造防风林，也可用防风网来减轻风害（图8-13）。

附录 苹果栽培管理周年工作历

时间	作业	作业内容
11月份～翌年3月份	整形修剪	对7年生以上的苹果树进行开心形改造，主要采用提干、落头、疏除过密主枝的手段改造树形；在主枝上培养大中小型的结果枝组，去除大侧枝、背上枝、背下枝、竞争枝、交叉枝等；对幼树要按主干形培养，主要采用轻剪缓放、多留枝的方法来处理
	病虫防治	将所有的修剪伤口都涂抹愈合剂，随剪随涂，防止感染腐烂病；结合冬剪，剪除病虫枝梢、病僵果，翻树盘及刮除老皮、粗皮、翘皮、病瘤、病斑等，连同枯枝落叶一起深埋；喷50倍的机油乳剂防止蚧类害虫（休眠期用）；萌芽前全树均匀喷布3~5波美度石硫合剂
4月份	施肥	3月下旬开始对秋后没有施足有机肥的果园要及时施肥，每亩2~3立方米腐熟有机肥或3~5立方米农家肥，酌情使用复合肥
	浇水	发芽前灌水，灌水后待土不粘时中耕松土保墒
	生草	果园种草，最好种植苜蓿、白三叶等豆科类草种
	复剪	花前复剪，剪掉背下枝、交叉枝、无芽的废枝等
	疏花	疏去边花、弱花，仅留中心花
	授粉	初花期开始放蜂或人工授粉（仅授中心花）
	病虫防治	花前喷布Bt500~1000倍液或10%阿维菌素5000倍液或植源性除虫菊酯防治蚜虫、卷叶蛾和潜叶蛾等害虫；开花前后也可喷0.3波美度石硫合剂防治病虫害；花期敲击树干枝，振落害虫，人工捕杀；利用黑光灯、性诱剂诱杀害虫；也可选用吡虫啉、菊酯类杀虫剂、甲基托布津、多菌灵或粉锈宁等防治病虫
5月份	浇水	花后浇水，促进细胞分裂和枝条生长
	疏果	5月初开始疏果，疏去边果、腋花芽坐的果，以及小果、畸形果、病虫果等，严格定果
	病虫防治	用杀虫灯、糖醋液和性诱剂等诱杀害虫；喷布500~1000Bt倍液或1%阿维菌素5000倍液或植源性除虫菊酯防治各类害虫；同时加入多抗霉素或农抗120等防治轮纹病、炭疽病、早期落叶病等；也可用吡虫啉、灭幼脲、拟除虫菊酯、毒死蜱、螨死净、溴氰菊酯等杀虫剂，杀菌剂可用多菌灵、大生M-45、扑海因、甲基托布津、粉锈宁等；5月份是病虫害防治的关键时期，每隔10天左右就要用1次药，各种药剂最好交替使用，套袋前一定要喷1次药

续表

时间	作业	作业内容
5月份	喷营养液	在喷药的同时加入氯化钙、钙宝、硫酸亚铁、尿素等，也可加入各种微生物叶面肥和氨基酸营养液
	套袋	给幼果套上双层果袋
	环剥	去除剪锯口附近的萌蘖和背上的徒长枝，对初果期果树和临时性主枝进行环剥
6月份	浇水	6月中上旬根据实际情况灌水1次
	夏剪	主要剪掉徒长枝、逆向枝、交叉枝、内膛枝和背下枝，夏剪不可过度
	病虫防治	喷200倍石灰波尔多液防治轮纹病、炭疽病、早期落叶病等；利用杀虫灯、糖醋液诱杀金龟子等害虫；利用性诱剂诱杀卷叶蛾、潜叶蛾、食心虫等害虫；麦收前喷0.1波美度石硫合剂或阿维菌素防叶螨；利用天敌防治蚜虫；也可采用低毒的合成农药（见上文）防治病虫；喷药时最好加入各种营养药剂
	堆肥	果园进行高温堆肥
7月份	割草	当草的高度达到40～50厘米时就要刈割，摺在地上当肥料，不要锄草，更不可用除草剂
	病虫防治	利用黑光灯、性诱剂诱杀害虫，利用各类农药防治病虫害，每10～15天叶面喷施1次植物源营养液
8月份	排涝	雨季前果园做好排涝的各项准备工作
	拉枝	继续割草并进行病虫害的防治，特别是及时喷药防治病害的扩展
9月份	夏剪	见上文
	脱袋	首先撕开外层袋露出内袋，5～7天后再将内袋全部除去
	摘叶	摘叶主要是摘贴近果实的托叶和影响果实着色的叶片，最好分2次进行
	转果	在第2次摘叶的同时对于贴靠在枝条上长的果实要进行转果
	铺反光膜	转果完成后就要铺设反光膜，可以促进萼洼处着色
	采收	果实成熟后要适时采收，富士苹果在我国北方地区一般10月下旬成熟，根据不同品种成熟期适时采收
10月份	秋施基肥	采收后至11月上旬要及时施肥，最好采完果就施，最好施采用高温发酵的方式制作的有机肥，也可用一般的农家肥如鸡粪、牛粪、羊粪、自家的厩肥等。每次每亩用腐熟堆肥2～3吨，农家肥3～5吨，或商用有机肥0.5～1吨；为改土而施肥时施肥量可加倍，改土时要沟施或穴施，挖60厘米深的条沟或施肥穴，将有机肥和表土混合均匀后施入，挖沟时不能伤及主根。表面撒施后要进行翻土，一般一铁锹深即可
	充分灌水	全园灌足冻水

注：文中蓝色字部分为无公害生产果园推荐使用，其它措施均可用于绿色和有机果园的生产管理。

参考文献

[1] 束怀瑞.苹果学.北京:中国农业出版社.1999.

[2] 王金友.苹果病虫害防治.北京:金盾出版社.1992.

[3] 汪景彦.苹果无公害生产技术.北京:中国农业出版社.2003.

[4] 张玉星.果树栽培学各论.第3版.北京:中国农业出版社.2003.

[5] 韩南容.苹果有机栽培新技术.北京:科学技术文献出版社.2007.

[6] 李天红,高照全.苹果园艺工培训教材.北京:金盾出版社.2007.

[7] 今喜代治,川島東洋一.リンゴ無袋栽培技術.東京.1976.

[8] 三上敏弘.リンゴ整枝剪定法.青森県りんご協会.弘前市,1977.

[9] 三上敏弘,横田清.リンゴ栽培実際.農山漁村文化協会.東京,1992.

[10] 柴壽.落葉果樹の整枝せん定.誠文堂新光社.東京,1994.

[11] 宮坂尚敏,南島邦子,石坂陽子.果樹のせん定.長野県改良協会,長野市,2001.

[12] 高照全.果树安全优质生产技术.北京：机械工业出版社,2014.